DAS
ZWICKELVERFAHREN

(EIN BEITRAG ZUR BAUSTATIK)

ELEMENTARE BESTIMMUNG DER QUERKRÄFTE,
BIEGUNGSMOMENTE, ELASTISCHEN LINIEN,
EINFLUSSLINIEN FÜR ALLE IM EISENBETON-
BAU VORKOMMENDEN BALKEN UND RAHMEN
MIT GERADLINIGER ACHSE UND KONSTANTEM
TRÄGHEITSMOMENT

VON

Dr. ARNOLD MOSER

INGENIEUR

BUREAUCHEF DER FIRMA MAILLART & CO. IN ZÜRICH, PRIVATDOZENT
AN DER EIDGENÖSSISCHEN TECHNISCHEN HOCHSCHULE IN ZÜRICH.

Springer-Verlag Berlin Heidelberg GmbH

1914.

ISBN 978-3-662-24356-5　　　ISBN 978-3-662-26473-7 (eBook)
DOI 10.1007/978-3-662-26473-7

Softcover reprint of the hardcover 1st edition 1914

Sonderabdruck aus Armierter Beton 1914, Heft 7 u. ff.

Die vorliegende Abhandlung ist von der eidg. Technischen Hochschule in Zürich als Dissertation zur Erlangung der Würde eines Doktors der technischen Wissenschaften genehmigt worden. Dabei waren die Herren Prof. A. ROHN Referent und Prof. F. SCHÜLE Korreferent.

Inhaltsverzeichnis.

I. Teil. Einleitung.

§ 1.	Allgemeine Bemerkungen	Seite 5
§ 2.	Der Satz von Mohr	„ 5
§ 3.	Der Satz von der Neigung der elastischen Linie	„ 6
§ 4.	Die Sätze von Robert Land	„ 6
§ 5.	Der Zwickel m ten Grades und seine Eigenschaften	„ 8

II. Teil. Anwendungen.

§ 6.	Grundaufgaben	Seite 9
§ 7.	Der halbeingespannte Balken	„ 14
§ 8.	Der eingespannte Balken	„ 16
§ 9.	Der Balken auf 3 Stützen	„ 19
§ 10.	Der Balken auf 4 Stützen	„ 22
§ 11.	Der gelenklose Balken auf beliebig vielen frei drehbaren Stützen	„ 33
§ 12.	Der dreiseitige Rahmen mit Fußgelenken	„ 40
§ 13.	Der gelenklose Balken auf drei Stützen; die Mittelstütze ist eine fest mit ihm verbundene Säule mit Fußgelenk	„ 42
§ 14.	Der gelenklose Balken mit einem festen Endauflager auf beliebig vielen, starr mit ihm verbundenen Säulen mit Fußgelenk	„ 44
§ 15.	Der gelenklose Balken mit einem festen Endauflager auf beliebig vielen, starr mit ihm verbundenen Säulen ohne Fußgelenk	„ 47
§ 16.	Der einfache Steifrahmen ohne Gelenk	„ 48

III. Anhang.

§ 17.	Beschreibung und Gebrauch des Rechenschiebers für das Zwickelverfahren	Seite 50

Vorwort.

Die vorliegende Abhandlung könnte am einfachsten als „die erste systematische rechnerische Anwendung der eleganten Auffassung der Momenten-, Biege- und Einflußflächen durch Culmann, Mohr und Land" charakterisiert werden.

Sie ist aus dem berechtigten Verlangen des Eisenbetonbaues nach wirtschaftlichen Berechnungsmethoden entstanden und erlaubt dem entwerfenden Ingenieur nun, die schwierigsten Träger- und Belastungsfälle mit Leichtigkeit zu untersuchen.

Als Corollarium des Mohrschen Satzes wurde zuerst der Satz von der relativen Neigung der elastischen Linie abgeleitet, welcher von nun an eine nicht zu unterschätzende Rolle in der Statik spielen dürfte.

Dann wird an einer Reihe von Beispielen gezeigt, wie alle praktisch vorkommenden Belastungs- und die ihnen entsprechenden statischen Flächen (Querkrafts-, Momenten-, Biegeflächen) in Normalzwickel zerlegt werden können.

Der einfache Zusammenhang dieser Zwickel wird erläutert und angewendet.

Es wird ferner gezeigt, wie die Einflußflächen aller Träger, welche ein Eisenbetonstatiker täglich zu untersuchen hat, ebenfalls in Normalzwickel aufgelöst werden können, und es wird die einfache Bestimmung dieser Elementarzwickel angegeben.

Zur Berechnung der einzelnen Ordinaten aller praktisch vorkommenden Normalzwickel hat der Verfasser einen Rechenschieber ausgeführt, welcher je mit einer einzigen Schieberstellung alle gewünschten Ordinaten eines Zwickels 1. bis 5. Grades gibt.

Dieser Schieber ist im Anhang abgebildet, auch ist dort sein Gebrauch erläutert.

I. Teil: Einleitung.

§ 1. Allgemeine Bemerkungen.

In der vorliegenden Schrift sollen nur Träger untersucht werden, welche den folgenden „üblichen Voraussetzungen" entsprechen:

1. Die Trägerachse ist gerade bzw. aus Geraden zusammengesetzt;
2. die äußeren Kräfte liegen in einer Ebene, welche zugleich Symmetrieebene des Trägers ist;
3. die Formänderung des Trägers entspricht den Navierschen Voraussetzungen, d. h.
   a) die Deformationen bleiben verschwindend klein;
   b) ursprünglich ebene Trägerquerschnitte bleiben während der ganzen Formänderung des Trägers eben;
   c) Querschnitte, ursprünglich normal zur Trägerachse, stehen nach der Deformation normal auf der elastischen Linie des Trägers;
4. die Dehnungen des Materiales entsprechen dem Hookeschen Gesetze.

§ 2. Der Satz von Mohr.

$\overline{AB}$ (Fig. 1) sei ein beliebiger Abschnitt eines den „üblichen Voraussetzungen" (vergleiche § 1) entsprechenden Trägers, A'B'B"A" die diesem Abschnitte entsprechende verzerrte Momentenfläche, $A_1C_1'B_1$ die elastische Linie dieses Abschnittes, $\overline{A_1B_1}$ die Sehne der elastischen Linie $A_1C_1'B_1$, $y = \overline{C_1C_1'}$ = die „relative Einsenkung" des Punktes C des Abschnittes AB.

Im Jahre 1868 hat nun Prof. Dr.-Ing. Otto Mohr zum ersten Male bewiesen, daß die relative Einsenkung y des Punktes C des Balkenabschnittes $\overline{AB}$ als Biegungsmoment im

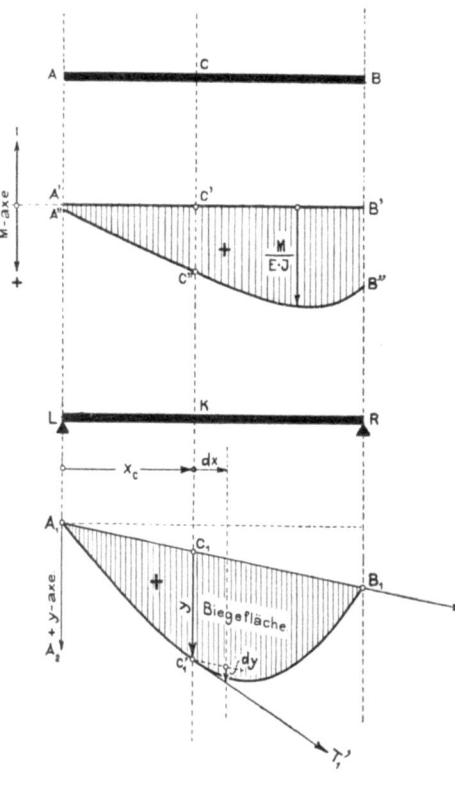

Fig. 1.

Schnitte K eines mit der verzerrten Momentenfläche des Abschnittes $\overline{AB}$ belasteten einfachen Balkens $\overline{LR}$ aufgefaßt werden kann.

Vergleiche:
1. Dr.-Ing. Otto Mohr: „Abhandlungen aus dem Gebiete der technischen Mechanik", Seite 294 ff. der 1. Auflage.
2. Dr.-Ing. Müller-Breslau: „Die graphische Statik der Baukonstruktionen", Band II, zweite Abteilung, Seite 14 ff.
3. Dr. W. Ritter: „Der kontinuierliche Balken" Seite 1 ff.

§ 3. Der Satz von der Neigung der elastischen Linie.

Als „relative Neigung der elastischen Linie $(A_1C_1'B_1)$ des Balkenabschnittes $\overline{AB}$ (Fig. 1) im Punkte C_1'" bezeichnen wir den Ausdruck:

$$\nu = \frac{dy}{dx} \quad \ldots \ldots \quad (1$$

welcher bekanntlich die Richtung der Tangente $C_1'T_1'$ gegenüber der Abszissenachse („Sehne") A_1B_1 bestimmt.

Da nach Mohr „y" als Biegungsmoment aufgefaßt werden kann, so kann ν als Querkraft gedeutet werden nach der bekannten Beziehung[1]):

$$Q = \frac{dM}{dx} \quad \ldots \ldots \quad (2$$

Es läßt sich somit sagen:

„Die relative Neigung im Punkte C_1' der elastischen Linie $A_1C_1'B_1$ eines beliebigen Balkenabschnittes $\overline{AB}$, welcher den „üblichen Voraussetzungen" entspricht, kann als Querkraft im Schnitte K eines mit der verzerrten Momentenfläche des gegebenen Abschnittes belasteten einfachen Balkens $\overline{LR}$ gedeutet werden."

§ 4. Die Sätze von Robert Land[2]).
(Vgl. Zeitschrift für Bauwesen 1890 S. 114 Lit. b.)

1. Satz (siehe Fig. 2).

„Die Einflußlinie eines Biegungsmomentes um einen Punkt C eines Trägers kann als diejenige Biegungslinie aufgefaßt werden, welche entsteht, wenn sich die bei C benachbarten Querschnitte gegenseitig um einen Winkel von der Größe P = 1 (d. h. gleich der zeichnerischen Darstellung der wandernden Einzellast P = 1) verdrehen; diese Verdrehung wird durch Zwischenfügung eines gedachten Gelenkes ermöglicht. Der Drehwinkel wird hierbei dargestellt durch die zwischen den beiderseitigen Tangenten an die Biegungslinie beim Gelenkpunkte befindliche lotrechte Ordinate in der wagerechten Entfernung 1 vom Drehpunkt."

2. Satz (siehe Fig. 3)[3]).

„Die Einflußlinie des Auflagerdruckes eines Balkens kann aufgefaßt werden

---

[1]) Vgl. Dr.-Ing. Otto Mohr: „Abhandlungen aus dem Gebiete der technischen Mechanik, Seite 256, Formel (21) der 1. Auflage.
[2]) Vergl. ebenfalls Dr. W. Ritter: „Der kontinuierliche Balken", Seite 89 (Verlag von Albert Raustein in Zürich, 1900).
[3]) Vergl. ebenfalls Dr.-Ing. Müller-Breslau: „Die graphische Statik der Baukonstruktionen", Band II, zweite Abteilung, Seite 93, § 8, Nr. 31.

als die Biegungslinie des Trägers, welche entsteht, wenn der betreffende Auflagerpunkt C um die Größe $P = 1$ gesenkt wird (entsprechend der von einem positiven, abwärts gerichteten Auflagerdruck beabsichtigten Verschiebung des Stützpunktes) Diese Senkung kann durch die Wirkung einer nach Wegnahme des betreffenden

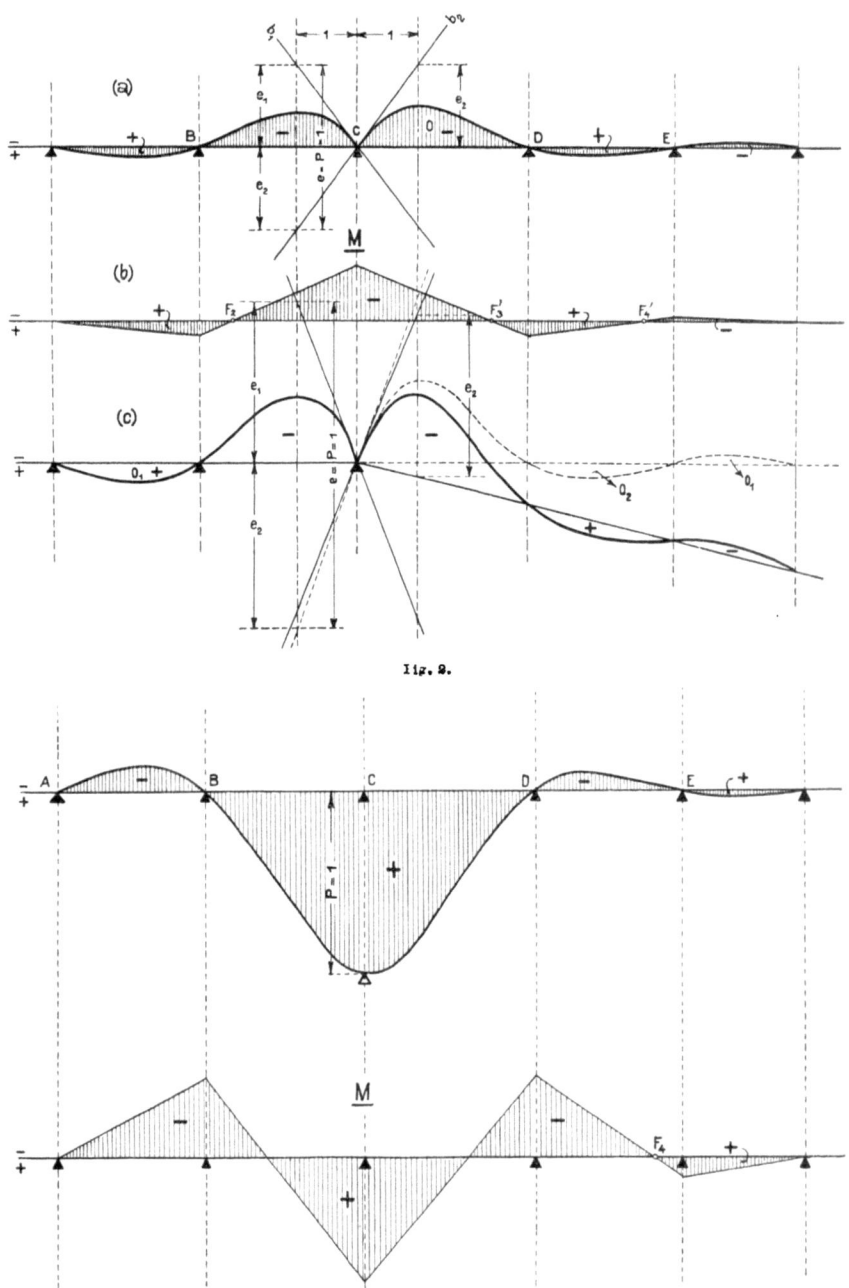

Fig. 2.

Fig. 3.

Stützpunktes an dieser Stelle auf den Träger wirkenden, abwärts gerichteten Kraft erzeugt werden. Zeichnet man für diesen Belastungsfall die zugehörige Momentenfläche und zu dieser mit beliebiger Polweite die Biegungslinie, so stellt diese die gesuchte Einflußlinie dar, deren Einheitsordinate $P=1$ durch die gefundene Senkung des betrachteten Stützpunktes gemessen wird."

§ 5. Der Zwickel m ten Grades und seine Eigenschaften.

a) Der „Zwickel m ten Grades" ist eine ebene Fläche ABB' (Fig. 4) mit einer Geraden $\overline{BB'}$ als Grundlinie und zwei Kurven AB und AB' als Seiten. Der Abstand y zweier entsprechender Punkte C und C' der Seiten ist durch die Formel bestimmt:

$$y = a x^m \ldots \ldots \ldots (3$$

(Die Koordinaten x und y sind winkelrecht bzw. parallel zu der Grundlinie $\overline{BB'}$ zu messen.)

b) Der Flächeninhalt eines „Zwickels m ten Grades" berechnet sich mit Hilfe des folgenden Integrals:

$$F_m = \int_0^h y\, dx = \int_0^h a x^m\, dx = \frac{1}{m+1} a h^{m+1}$$

$$F_m = \frac{1}{m+1} h b \ldots \ldots (4$$

c) der Abstand s_m des Schwerpunktes S des „Zwickels m ten Grades" von der Grundlinie $\overline{BB'}$ ist:

$$s_m = \frac{\text{statisches Moment der Fläche in Bezug auf } \overline{BB'}}{\text{Flächeninhalt } \overline{ABB'}}$$

oder:

$$s_m = \frac{\int_0^h (h-x) y\, dx}{\int_0^h y\, dx} = \frac{\int_0^h (h-x) a x^m\, dx}{\frac{1}{m+1} a h^{m+1}} = \frac{\frac{1}{m+1} a h^{m+1} - \frac{1}{m+2} a h^{m+2}}{\frac{1}{m+1} a h^{m+1}}$$

$$s_m = \frac{1}{m+2} h \ldots \ldots (5$$

a) Eine beliebige Parallele CC' zur Grundlinie $\overline{BB'}$ (Fig. 4) eines „Zwickels m ten Grades" bildet mit den beiden Seiten AC und AC' einen „Zwickelabschnitt". Der Flächeninhalt eines solchen Zwickelabschnittes ist:

$$F_a = \frac{1}{m+1} x y = \frac{1}{m+1} a x^{m+1}.$$

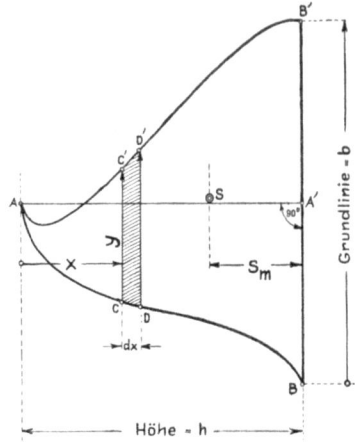

Fig. 4.

Das Verhältnis $\frac{F_a}{F_m}$ wird somit:

$$\frac{F_a}{F_m} = \frac{\frac{1}{m+1} a x^{m+1}}{\frac{1}{m+1} a h^{m+1}} = \frac{x^{m+1}}{h^{m+1}}$$

woraus:

$$F_a = F_m \frac{x^{m+1}}{h^{m+1}} \ldots \ldots (6$$

Beispiele.

(In diesen Beispielen ist angenommen worden, daß die Anfangsseite AB (Fig. 4) des Zwickels mit der Abszissenaxe AA' zusammenfalle.)

Grad des Zwickels	Form		Flächeninhalt	Schwerpunktabstand
0	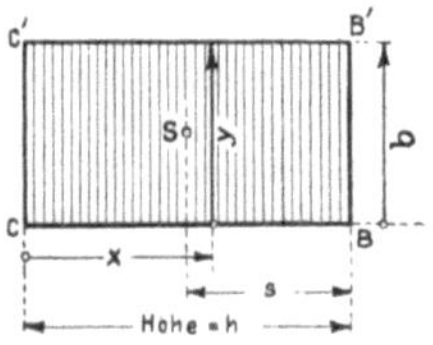	Fig. 5.	$F = \frac{1}{0+1} bh = \frac{1}{1} bh$	$s = \frac{1}{0+2} h = \frac{1}{2} h$
1	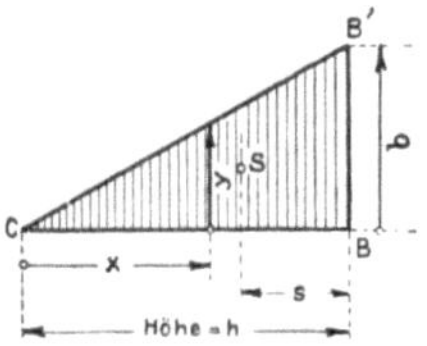	Fig. 6.	$F = \frac{1}{1+1} bh = \frac{1}{2} bh$	$s = \frac{1}{1+2} h = \frac{1}{3} h$
2	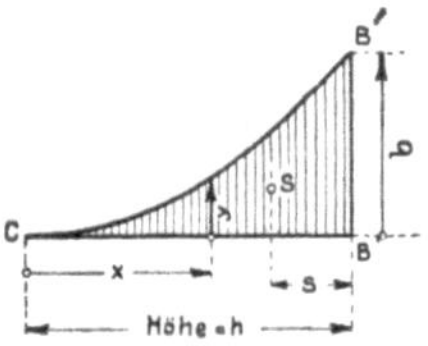	Fig. 7.	$F = \frac{1}{2+1} bh = \frac{1}{3} bh$	$s = \frac{1}{2+2} h = \frac{1}{4} h$
3	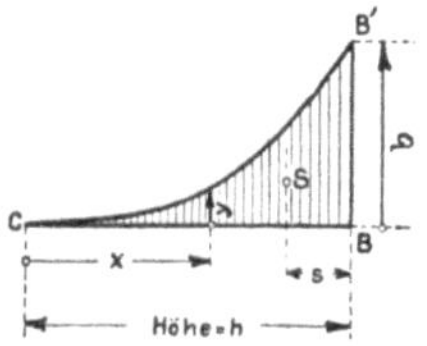	Fig. 8.	$F = \frac{1}{3+1} bh = \frac{1}{4} bh$	$s = \frac{1}{3+2} h = \frac{1}{5} h$
4	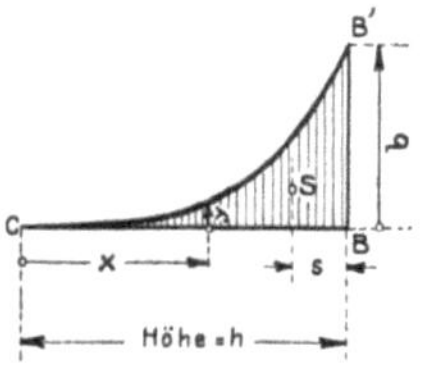	Fig. 9.	$F = \frac{1}{4+1} bh = \frac{1}{5} bh$	$s = \frac{1}{4+2} h = \frac{1}{6} h$

II. Teil. Anwendungen.

§ 6. Grundaufgaben.

Aufgabe 1.

Untersuchung der Querkrafts- und der Momentenfläche eines mit einer Einzellast P belasteten einfachen Balkens AB. (Fig. 10.)

a) Die Belastung P erzeugt einen Auflagerdruck:

$$A = P \frac{h}{l}.$$

b) Die Querkraft beträgt in einem beliebigen zwischen A und C gewählten Schnitte E

$$Q_E = A$$

und in einem beliebigen zwischen C und B gelegenen Schnitte D

$$Q_D = A - P.$$

Diese beiden Ausdrücke zeigen, daß die Querkraftsfläche als algebraische Summe der beiden „Normalzwickel nullten Grades"[4] $B_1 A_1 A_1' B_1'$, welcher dem Auflagerdruck A, und $B_1' C_1' C_1'' B_1''$, der der Einzellast P entspricht, aufgefaßt werden kann.

[4] „Normalzwickel m ten Grades" ist jeder „Zwickel m ten Grades", dessen Grundlinie $\overline{BB'}$ (vergl. Fig. 4) auf einer der Auflagersenkrechten eines Balkens liegt.

c) Das Biegungsmoment beträgt in einem beliebigen Schnitte E zwischen A und C

$$M_E = A\,x_e$$

und in einem beliebigen Schnitte D zwischen C und B

$$M_D = A\,x_d - P\,x'.$$

Diese beiden Formeln zeigen, daß die Momentenfläche aus zwei „Normalzwickeln 1. Grades" besteht. Dem „Normalzwickel" ($B_2 A_2 B_2'$), welcher dem Auflagerdruck A, und dem „Normalzwickel" ($B_2' C_2' B_2$), welche der Einzellast P entspricht.

Aufgabe 2.

Untersuchung der Querkrafts- und der Momentenfläche eines mit einem „Normalzwickel m ten Grades" P belasteten einfachen Balken AB. (Fig. 11.)

a) Der Schwerpunkt des Zwickels liegt im Abstande $s = \dfrac{h}{m+2}$ von der Auflagersenkrechten $\overline{BB'}$. Der Auflagerdruck A beträgt somit

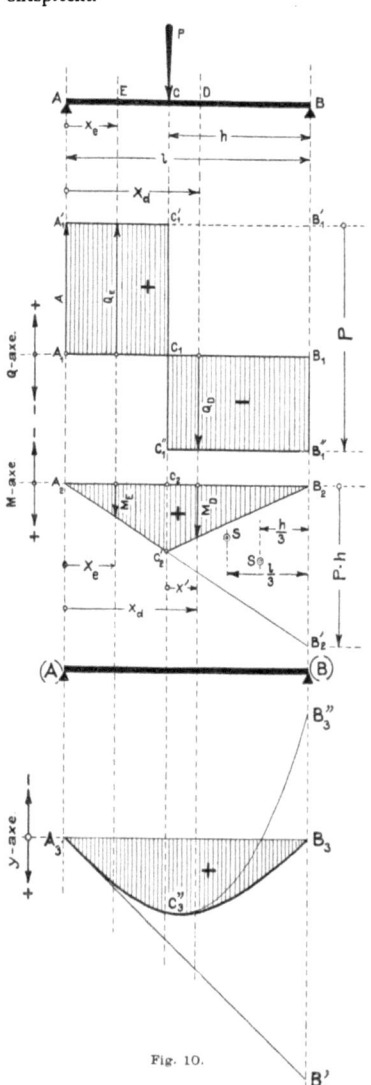

Fig. 10.

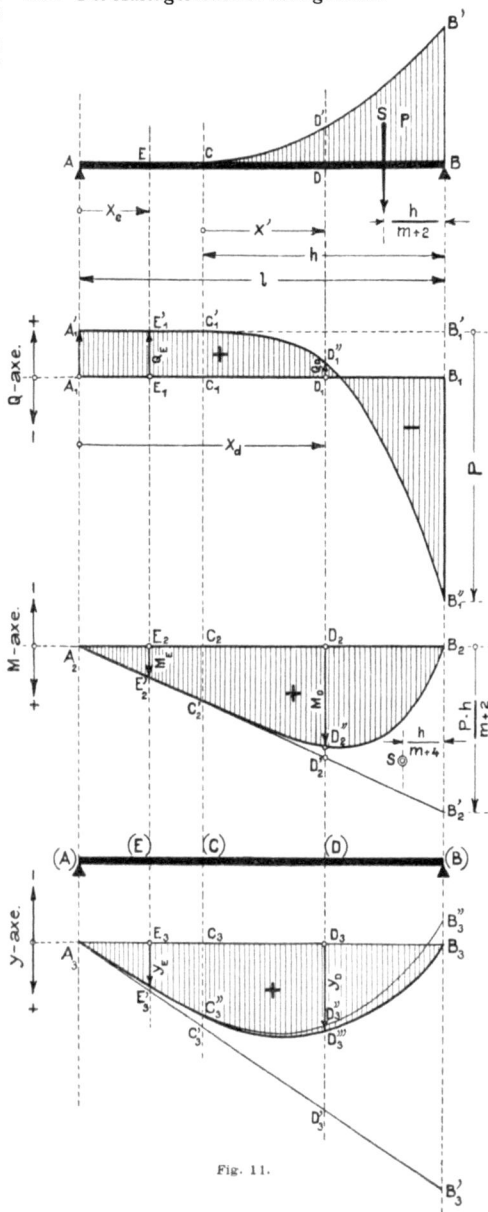

Fig. 11.

$$A = \frac{P\frac{h}{m+2}}{l} = \frac{1}{m+2}\frac{Ph}{l} \quad \ldots \quad (7$$

für jeden Balkenschnitt zwischen A und C ist die Querkraft

$$Q_E = A,$$

für einen beliebigen Balkenschnitt D zwischen C und B ist die Querkraft

$$Q_D = A - (\text{Zwickel DCD'}),$$

da aber (nach Formel 6)

$$(\text{Zwickel DCD'}) = P\frac{(x')^{m+1}}{h^m+1}$$

ist, so wird

$$Q_D = A - \left(\frac{P}{h^m+1}\right) x'^{m+1}.$$

Diese Formeln sagen uns:
Die Querkraftsfläche $A_1A_1'C_1'B_1''B_1A_1$ (Fig. 11) kann als algebraische Summe der beiden Normalzwickel $B_1A_1A_1'B_1'$ und $B_1'C_1'B_1''$ betrachtet werden. Der erste dieser Zwickel, welcher dem Auflagerdruck A entspricht, ist vom Grade Null, der zweite, welcher dem Belastungszwickel m ten Grades BCB' entspricht, ist vom Grade (m+1).

b) Das Biegungsmoment in einem beliebigen Schnitte E zwischen A und C ist gleich

$$M_E = A x_e$$

und in einem beliebigen Schnitte D zwischen C und B

$$M_D = A x_d - (\text{Zwickel DCD'}) \frac{x'}{m+2};$$

da aber, nach Formel 6

$$(\text{Zwickel DCD'}) = P\frac{(x')^{m+1}}{h^m+1},$$

so wird

$$M_D = A x_d - \left(\frac{1}{m+2}\frac{P}{h^m+1}\right)(x')^{m+2}.$$

Diese Formeln sagen uns:
Die vorliegende Momentenfläche kann als algebraische Summe zweier Normalzwickel angesehen werden; der „Normalzwickel 1. Grades" $B_2A_2B_2'$ entspricht dem Auflagerdruck A und der „Normalzwickel (m+2) ten Grades" $B_2'C_2'B_2$ dem Belastungszwickel m ten Grades BCB'.

Aus den beiden obigen Untersuchungen geht folgendes hervor:
1. Dem Auflagerdruck A sowie einer Einzellast P entsprechen je ein „Normalzwickel vom nullten Grade" in der Querkraftsfläche und ein „Normalzwickel vom 1. Grade" in der Momentenfläche.

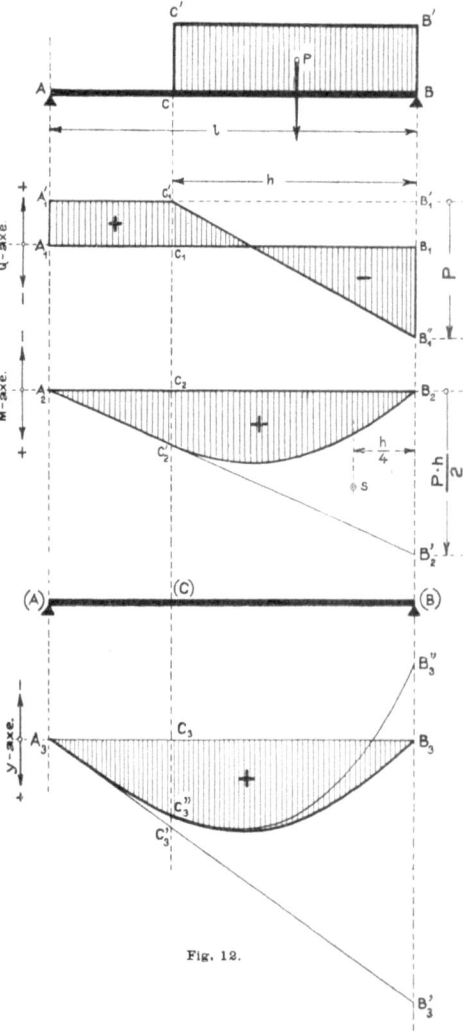

Fig. 12.

2. Dem belastenden „Normalzwickel m ten Grades" entspricht ein „Normalzwickel (m+1) ten Grades" in der Querkraftsfläche und ein Normalzwickel (m+2) ten Grades" in der Momentenfläche.

Dieses Ergebnis kann am besten durch folgende Tabelle dargestellt werden:

Äußere Kraft	Dieser äußeren Kraft entspricht je ein Normalzwickel und zwar vom Grade:	
	in der Querkraftsfläche	in der Momentenfläche
Einzellast und Auflagerdruck	0	1
Zwickel vom 0 ten Grade	1	2
„ „ 1 „ „	2	3
„ „ 2 „ „	3	4
„ „ 3 „ „	4	5

Die Betrachtung der obigen Tabelle führt einen unwillkürlich auf den Gedanken, „die Einzellast (resp. einen Auflagerdruck) als „Normalzwickel vom Grade (— 1)" anzusprechen.

In diesem Falle können die soeben angeführten Sätze zusammengezogen werden und es ergibt sich folgender Satz:

Jeder äußeren Kraft eines einfachen Balkens, die als „Normalzwickel mten Grades" angreift, entsprechen: ein „Normalzwickel $(m+1)$ ten Grades" in der Querkraftsfläche und ein Normalzwickel $(m+2)$ ten Grades" in der Momentenfläche des betreffenden Balkens.

Beispiele:

1. Belastung durch einen „Normalzwickel (-1) ten Grades" (siehe Fig. 10 und Text dazu).

2. Belastung durch einen „Normalzwickel nullten Grades". Es entsprechen sich folgende Normalzwickel (vgl. Fig. 12):

In der Belastungsfläche	In der Querkraftsfläche	In der Momentenfläche
A v. Gr. (—1)	$\{B_1 A_1 A_1' B_1'\}$ v. Gr. 0	$\{B_2 A_2 B_2'\}$ v. Gr. $(+1)$
P „ „ 0	$\{B_1' C_1' B_1''\}$ „ „ 1	$\{B_2' C_2' B_2'\}$ „ „ $(+2)$

3. Belastung durch einen „Normalzwickel 1. Grades" (siehe Fig. 13).

Es entsprechen sich folgende Normalzwickel:

In der Belastungsfläche	In der Querkraftsfläche	In der Momentenfläche
A v. Gr. (—1)	$\{B_1 A_1 A_1' B_1'\}$ v. Gr. 0	$\{B_2 A_2 B_2'\}$ v. Gr. $(+1)$
P „ „ $(+1)$	$\{B_1' C_1' B_1''\}$ „ „ $(+2)$	$\{B_2' C_2' B_2'\}$ „ „ $(+3)$
	usw.	

Aufgabe 3.

Untersuchung der Biegefläche eines mit einem Normalzwickel mten Grades belasteten einfachen prismatischen Balkens $\overline{AB}$ (Fig. 11).

Nach Mohr kann die Biegefläche $(A_3 D_3''' B_3)$ des Balkens $\overline{AB}$ (Fig. 11) als Momentenfläche eines mit dem $\frac{1}{EJ}$-fachen der Momentenfläche $A_2 C_2' B_2$ belasteten einfachen Balkens (A) (B) aufgefaßt werden.

Nach dem Satze auf Seite 12 kann die Biegefläche als algebraische Summe dreier Normalzwickel aufgefaßt werden:

Den folgenden Normalzwickeln der Belastungsfläche von $\overline{(A)(B)}$

Dem Auflagerdruck (A) vom Grade (-1),
„ Normalzwickel $(B_2 A_2 B_2')$ vom Grade $(+1)$,
„ „ $(B_2' C_2' B_2)$ „ „ $(m+2)$;
entsprechen die folgenden Normalzwickel der Biegefläche $A_3 B_3$ des Balkens $\overline{AB}$:

Der Normalzwickel $(B_3 A_3 B_3')$ vom Grade $(+1)$,
„ „ $(B_3' A_3 B_3'')$ „ „ $(+3)$,
„ „ $(B_3'' C_3'' B_3)$ „ „ $(m+4)$.

Die gemeinsame Grundlinie $(B_2 B_2')$ der beiden Normalzwickel, welche die Belastungsfläche des Balkens (A)(B) darstellen, ist:

$$(B_2 B_2') = \frac{1}{EJ} \cdot P \cdot \frac{h}{m+2} = \frac{1}{m+2} \cdot \frac{Ph}{EJ} \quad \ldots \text{(8}$$

Der Flächeninhalt dieser beiden Zwickel ist:

$$\{B_2 A_2 B_2'\} = \frac{1}{2} \cdot 1 \left(\frac{1}{m+2} \cdot \frac{Ph}{EJ}\right) = \frac{1}{2(m+2)} \cdot \frac{Ph\,l}{EJ} \quad \ldots \text{(9}$$

$$\{B_2' C_2' B_2\} = \frac{1}{m+3} h \left(\frac{-1}{m+2} \cdot \frac{Ph}{EJ}\right)$$

$$= -\frac{1}{(m+2)(m+3)} \cdot \frac{Ph^2}{EJ} \quad \ldots \text{(10}$$

Der Abstand ihrer Schwerpunkte von der Auflagersenkrechten durch (B) ist:

$$s_1 = \frac{1}{3} l$$

$$s_2 = \frac{1}{(m+4)} h$$

Infolgedessen beträgt der Auflagerdruck (A)

$$(A) = \left(\frac{1}{2(m+2)} \cdot \frac{Ph\,l}{EJ}\right) \cdot \left(\frac{\frac{1}{3} l}{l}\right)$$

$$- \left(\frac{1}{(m+2)(m+3)} \cdot \frac{Ph^2}{EJ}\right) \cdot \left(\frac{\frac{1}{m+4} h}{l}\right)$$

$$(A) = \frac{1}{m+2} \cdot \frac{Ph^2}{EJ} \left(\frac{1}{6} \cdot \frac{l}{h}\right.$$

$$\left. - \frac{1}{(m+3)(m+4)} \cdot \frac{h}{l}\right) \ldots \text{(11}$$

— 13 —

Das Moment in einem beliebigen Schnitte (E) zwischen (A) und (C) beträgt:

$$(M)_E = (A) x_e - \{ E_2 A_2 E_2' \} \cdot \frac{x_e}{3}.^{5)}$$

Nun ist aber nach Formel (6)

$$\{ E_2 A_2 E_2' \} = \{ B_2 A_2 B_2' \} \frac{x_e^2}{l^2}$$

$$= \frac{1}{2(m+2)} \cdot \frac{Ph\,l}{EJ} \cdot \frac{x_e^2}{l^2}.$$

Durch Einsetzen der Werte für (A) und $\{ E_2 A_2 E_2' \}$ entsteht folgende Formel, welche nichts anderes ist als die Gleichung des Abschnittes $(A_3 C_3'')$ der elastischen Linie des Balkens $\overline{AB}$.

$$(M)_E = y_E = \frac{1}{m+2} \cdot \frac{Ph^2}{EJ} \times$$

$$\times \left(\frac{1}{6} \cdot \frac{1}{h} - \frac{1}{(m+3)(m+4)} \cdot \frac{h}{l} \right) x_e$$

$$- \frac{1}{2(m+2)} \cdot \frac{Ph\,l}{EJ} \cdot \frac{x_e^2}{l^2} \cdot \frac{x_e}{3}$$

$$y_E = \frac{1}{6(m+2)} \cdot \frac{Ph^2 x_e}{EJ} \times$$

$$\times \left[\frac{1}{h} - \frac{6}{(m+3)(m+4)} \cdot \frac{h}{l} - \frac{x_e^2}{hl} \right] \quad . \,(12$$

Das Moment in einem beliebigen Schnitte (D) zwischen (C) und (B) (Fig. 11) beträgt:

$$(M)_D = (A) x_d - \{ D_2 A_2 D_2' \} \frac{x_d}{3} + \{ D_2' C_2' D_2'' \} \frac{x'}{m+4}$$

(A) ist bereits bestimmt vgl. Gl. (11).

$$\{ D_2 A_2 D_2' \} = \{ B_2 A_2 B_2' \} \cdot \frac{x_d^2}{l^2}$$

$$= \frac{1}{2(m+2)} \cdot \frac{Ph\,l}{EJ} \cdot \frac{x_d^2}{l^2},$$

$$\{ D_2' C_2' D_2'' \} = \{ B_2' C_2' B_2 \} \frac{x'^{m+3}}{h^{m+3}}$$

$$= \frac{-1}{(m+2)(m+3)} \cdot \frac{Ph^2}{EJ} \cdot \frac{x'^{m+3}}{h^{m+3}}.$$

Die Gleichung des Abschnittes $C_3'' B_3$ der elastischen Linie wird somit:

$$(M)_D = y_D = \frac{1}{m+2} \cdot \frac{Ph^2}{EJ} \left(\frac{1}{6} \cdot \frac{1}{h} - \frac{1}{(m+3)(m+4)} \cdot \frac{h}{l} \right) x_d - \frac{1}{2(m+2)} \cdot \frac{Ph\,l}{EJ} \cdot \frac{x_d^2}{l^2} \cdot \frac{x_d}{3}$$

$$+ \frac{1}{(m+2)(m+3)} \cdot \frac{Ph^2}{EJ} \cdot \frac{x'^{m+3}}{h^{m+3}} \cdot \frac{x'}{m+4}$$

oder zusammengezogen:

$$y_D = \frac{1}{6(m+2)} \cdot \frac{Ph^2 x_d}{EJ} \left[\frac{1}{h} - \frac{6}{(m+3)(m+4)} \cdot \frac{h}{l} - \frac{x_d^2}{hl} + \frac{6}{(m+3)(m+4)} \cdot \frac{x'^{m+3}}{h^{m+3}} \cdot \frac{x'}{x_d} \right] \,\ldots\,(13$$

---

[5]) Ein Zwickel wird fortan durch besondere Klammern bezeichnet; so bedeutet also $\{ B_2 A_2 B_2' \}$

„Zwickel $(B_2 A_2 B_2')$"

Spezialfälle.

Bestimmung der Gleichungen der elastischen Linie eines einfachen Balkens $\overline{AB}$ (Fig. 11) für folgende Belastungsfälle:

1. Belastungsfall: Einzellast P im Punkte C.

Die Einzellast kann bekanntlich (vgl. Seite 12) als Normalzwickel vom (-1)ten Grade aufgefaßt werden. Infolgedessen werden die gesuchten Gleichungen durch Einsetzen von $m = -1$ in den beiden Formeln (12) u. (13) erhalten:

$$y_E = \frac{1}{6} \cdot \frac{Ph^2 x_e}{EJ} \left[\frac{1}{h} - \frac{h}{l} - \frac{x_e^2}{hl} \right] \,\ldots\,(14$$

$$y_D = \frac{1}{6} \cdot \frac{Ph^2 x_d}{EJ} \left[\frac{1}{h} - \frac{h}{l} - \frac{x_d^2}{h \cdot l} + \frac{x'^2}{h^2} \cdot \frac{x'}{x_d} \right] \,(15$$

2. Belastungsfall: Gleichmäßig über die Strecke $\overline{CB}$ verteilte Last P (Fig. 11).

Diese Belastung kann als Normalzwickel vom Grade Null angesehen werden. Die gesuchten Gleichungen werden also durch Einsetzen von $m = 0$ in Formel (12) u. (13) erhalten:

$$y_E = \frac{1}{12} \cdot \frac{Ph^2 x_e}{EJ} \left[\frac{1}{h} - \frac{1}{2} \cdot \frac{h}{l} - \frac{x_e^2}{hl} \right] \,\ldots\,(16$$

$$y_D = \frac{1}{12} \cdot \frac{Ph^2 x_d}{EJ} \left[\frac{1}{h} - \frac{1}{2} \cdot \frac{h}{l} - \frac{x_d^2}{hl} \right.$$

$$\left. + \frac{1}{2} \cdot \frac{x'^3}{h^3} \cdot \frac{x'}{x_d} \right] \,\ldots\,(17$$

3. Belastungsfall: Dreiecklast über $\overline{CB}$ (Fig. 13).

Diese Belastung kann als Normalzwickel 1. Grades angesehen werden. Durch Einsetzen von $m = +1$ in die beiden Gleichungen (12) und (13) erhalten wir die gesuchten Gleichungen der elastischen Linie.

$$y_E = \frac{1}{18} \cdot \frac{Ph^2 x_e}{EJ} \left[\frac{1}{h} - \frac{3}{10} \cdot \frac{h}{l} - \frac{x_e^2}{hl} \right] \,\ldots\,(18$$

$$y_D = \frac{1}{18} \cdot \frac{Ph^2 x_d}{EJ} \left[\frac{1}{h} - \frac{3}{10} \cdot \frac{h}{l} - \frac{x_d^2}{hl} \right.$$

$$\left. + \frac{3}{10} \cdot \frac{x'^4}{h^4} \cdot \frac{x'}{x_d} \right] \,\ldots\,(19$$

4. Belastungsfall: Gleichmäßig über den ganzen Balken verteilte Belastung P.

Diese Gleichung wird erhalten durch Einsetzen von $h = l$ und $x' = x_d$ in Gleichung (17)

— 14 —

$$y_D = \frac{1}{12} \cdot \frac{P\,l^2\,x_d}{EJ} \left[\frac{1}{2} - \frac{x_d^2}{l^2} + \frac{1}{2} \cdot \frac{x_d^3}{l^3} \right]$$

hieraus:

$$y_D = \frac{P}{EJ} \cdot \frac{l^3}{24} \left[\frac{x_d}{l} - 2\,\frac{x_d^3}{l^3} + \frac{x_d^4}{l^4} \right] \quad .. \quad (20)$$

5. Belastungsfall: Dreiecklast P über den ganzen Balken

In Formel (19) wird $h = l$ und $x' = x_d$ eingesetzt und so erhält man

$$y_D = \frac{P}{EJ} \cdot \frac{l^3}{180} \left[7\,\frac{x_d}{l} - 10\,\frac{x_d^3}{l^3} + 3\,\frac{x_d^5}{l^5} \right] \quad . \quad (21)$$

§ 7. Der halbeingespannte Balken[6]).

Aufgabe 4.

Bestimmung des Auflagerdruckes A des mit dem Normalzwickel m ten Grades P belasteten halbeingespannten Balkens $\overline{AB}$ (Fig. 14).

Aus den früheren Berechnungen (vgl. S. 11). geht hervor, daß die Momentenfläche aus zwei Normalzwickeln bestehen muß:

[6]) Diese Benennung ist der „Hütte" entnommen.

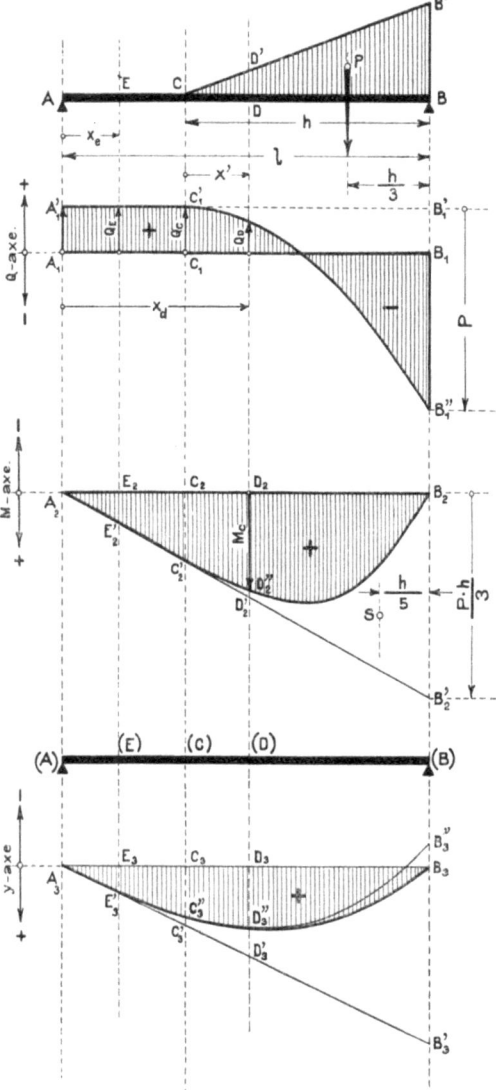

Fig. 13.

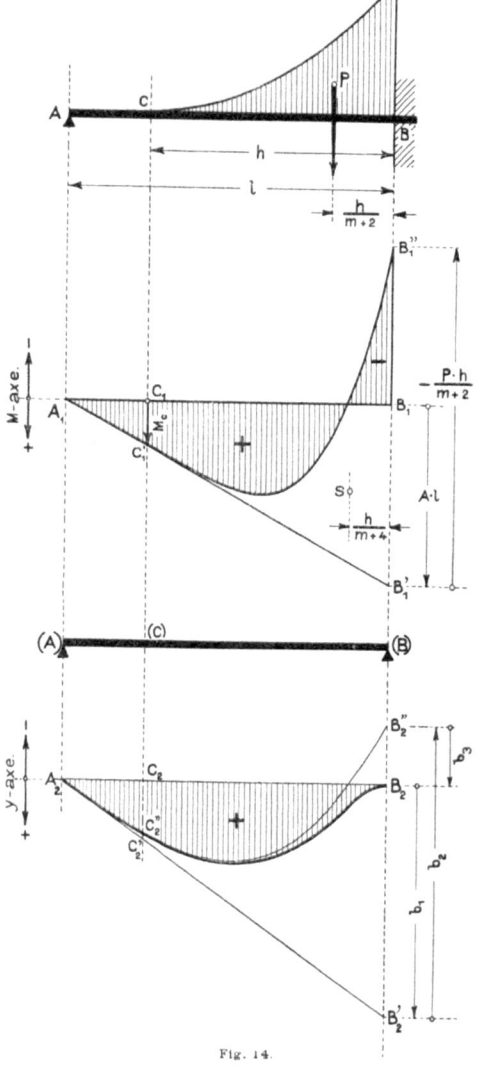

Fig. 14.

dem Normalzwickel 1. Grades $\{B_1A_1B_1'\}$ und

„ „ $(m+2)$ ten „ $\{B_1'C_1'B_1''\}$.

Die Grundlinien dieser beiden Zwickel sind

$\overline{B_1B_1'} = A\,1$ und $\overline{B_1'B_1''} = -P\dfrac{h}{m+2} = -\dfrac{Ph}{m+2}$.

Ihre Schwerpunkte liegen im Abstande $s_1 = \dfrac{1}{3}$ resp. $s_2 = \dfrac{h}{m+4}$ von der Auflagersenkrechten durch B. Da der Balken in B eingespannt ist, so muß die Neigung seiner elastischen Linie in diesem Punkte Null sein. Nach dem Satze v. d N. d. e. L.[7] ist nun diese Neigung gleich der Querkraft im Punkte (B) eines mit dem $\dfrac{1}{EJ}$-fachen der Momentenfläche $(B_1A_1C_1'B_1''B_1)$ belasteten einfachen Balkens $\overline{(A)(B)}$. Diese Querkraft ist nun bekanntlich umgekehrt gleich dem Auflagerdrucke (B). Diese Betrachtung ergibt folgende Gleichung zur Berechnung von A:

$(Q_B) = -(B) = -\dfrac{1}{EJ}\left[\left(\dfrac{1}{2}\,1\,A\,1\right)\dfrac{\frac{2}{3}1}{1} - \left(\dfrac{1}{m+3}\,h\,\dfrac{Ph}{m+2}\right)\dfrac{1-\frac{h}{m+4}}{1}\right] = 0$

woraus

$A = \dfrac{3}{(m+2)(m+3)}\,P\,\dfrac{h^2}{l^2}\cdot\dfrac{1-\frac{h}{m+4}}{l}$. (22

Spezialfälle:
Bestimmung des Auflagerdruckes A des halbeingespannten Trägers AB (Fig. 14) für folgende Belastungsfälle:

1. Belastungsfall: Einzellast P in C.
In Formel (22) wird $m = -1$ eingesetzt.

$A_{-1} = \dfrac{3}{2}\,P\,\dfrac{h^2}{l^2}\cdot\dfrac{1-\frac{h}{3}}{l}$ . . . . (23

2. Belastungsfall: Gleichmäßig über die Strecke $\overline{CB}$ (Fig. 14) verteilte Belastung P.
In Formel (22) wird $m = 0$ eingesetzt.

$A_0 = \dfrac{1}{2}\,P\,\dfrac{h^2}{l^2}\cdot\dfrac{1-\frac{h}{4}}{l}$ . . . . (24

3. Belastungsfall: Dreieck P über $\overline{CB}$.
In Formel (22) wird $m = +1$ eingesetzt.

---

[7]) Bedeutet: von der Neigung der elastischen Linie.

$A_1 = \dfrac{1}{4}\,P\,\dfrac{h^2}{l^2}\cdot\dfrac{1-\frac{h}{5}}{l}$ . . . . (25

4. Belastungsfall: Gleichmäßig über den ganzen Balken verteilte Last P.
In Formel (24) wird $h = 1$ gemacht.

$A_0' = \dfrac{3}{8}\,P$ . . . . . . (26

5. Belastungsfall: Dreiecklast über den ganzen Balken verteilt.
In Formel (25) wird $h = 1$ gemacht.

$A_1' = \dfrac{1}{5}\,P$ . . . . . . (27

Aufgabe 5.
Bestimmung der Einflußfläche für das Biegungsmoment im Querschnitte C des halbeingespannten Balkens $\overline{AB}$ (Fig. 15).

1. Nach R. Land (vgl. S. 6) kann diese Einflußlinie als diejenige elastische Linie des Balkens aufgefaßt werden, welche entsteht, wenn seine Achse im Punkte C um einen Winkel $= -1$ gebrochen wird, bei gleichzeitiger Beibehaltung der Auflagerbedingungen.

2. Es werden zuerst in den Punkten A, B und C reibungslose Gelenke gedacht und die Balkenachse im Punkte C um einen Winkel $B''C''B' = -1$ geknickt.

3. Dadurch sind die Auflagerbedingungen verletzt worden, denn der Auflagerquerschnitt B des Balkens hat sich um einen Winkel

$\beta = -\dfrac{\overline{A'A''}}{\overline{A'B'}} = -\dfrac{\overline{A'C'}}{\overline{A'B'}}$

oder

$\beta = -\dfrac{a}{l}$ . . . . . . (28

gedreht.

4. Um die Auflagerbedingungen zu erfüllen, muß die Balkenachse im Punkte B' um einen Winkel $-\beta$ gedreht werden. Diese Drehung ruft im Punkte A einen Auflagerdruck hervor, welcher im Balken Biegungsmomente erzeugt, die durch das Dreieck $B_1A_1B_1'$ dargestellt werden.

5. Die maßgebende Ordinate $\overline{B_1B_1'} = M$ dieser Momentenfläche berechnet sich aus folgender Bedingungsgleichung:

$-\dfrac{2}{3}\left(\dfrac{1}{2}\,1\,\dfrac{M}{EJ}\right) + \beta = 0$

oder

$-\dfrac{2}{3}\left(\dfrac{1}{2}\,1\,\dfrac{M}{EJ}\right) - \dfrac{a}{l} = 0$

woraus

$M = -\dfrac{3aEJ}{l^2}$ . . . . . (29

6. Durch Kombination der Biegefläche (A'C''B'A'), welche der Knickung der Balkenachse im Punkte C mit der Biegefläche $(A_2C_2''B_2A_2)$, welche den durch die Auflagerbedingungen her-

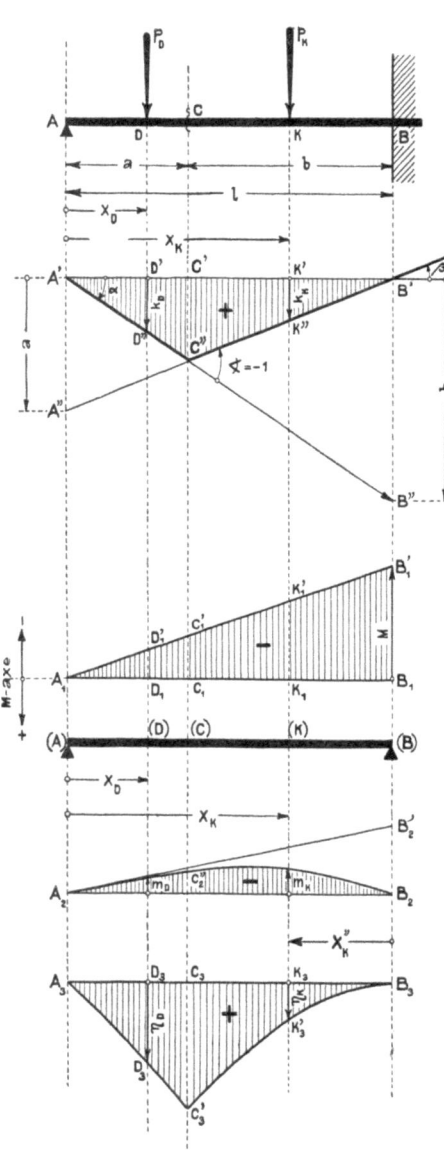

Fig. 15.

vorgerufenen Biegungsmomenten entspricht, wird die gesuchte Einflußfläche $(A_3C_3'B_3A_3)$ erzeugt.

7. So ist z. B. die Ordinate

$$\eta_D = k_D + m_D \quad \ldots \ldots \quad (30)$$

Die Ordinaten k_D und m_D berechnen sich wie folgt:

$$k_D = \frac{b}{l} x_d \quad \ldots \ldots \quad (31$$

$$m_D = (A) x_d - \text{Zwickel } (D_1 A_1 D_1') \frac{x_d}{3}$$

$$= \frac{1}{3} \cdot \frac{-\frac{1}{2} l \frac{3 a E J}{l^2}}{E J} x_D$$

$$- \left\{ \frac{-\frac{1}{2} l \frac{3 a E J}{l^2}}{E J} \cdot \frac{x_D^2}{l^2} \right\} \frac{x_D}{3}$$

oder

$$m_D = -\frac{1}{2} \cdot \frac{a}{l} x_D + \frac{1}{2} \cdot \frac{a}{l^3} x_D^3 \quad \ldots \quad (32$$

8. Die Ordinate η_k im Abstande x_k'' von B ist

$$\eta_k = k_k + m_k \quad \ldots \ldots \quad (33$$

worin

$$k_k = \frac{a}{l} x_k'' \quad \ldots \ldots \quad (34$$

und

$$m_k = -\frac{1}{2} \cdot \frac{a}{l} x_k + \frac{1}{2} \cdot \frac{a}{l^3} x_k^3 \quad \ldots \quad (35$$

9. Die Betrachtung der Figur 15 lehrt uns, daß die gesuchte Einflußfläche als (algebraische) Summe der vier Normalzwickel $\{B'A'B''\}$, $\{B''C''B'\}$, $\{B_2A_2B_2'\}$ und $\{B_2'A_2C_2''B_2\}$ betrachtet werden kann.

Die drei ersten dieser Zwickel sind vom ersten und der letzte vom 3. Grade.

§ 8. Der eingespannte Balken[8]).

Aufgabe 6.

Untersuchung der Momentenfläche eines mit einem Normalzwickel mten Grades belasteten eingespannten Balkens AB (Fig. 16).

Eine ähnliche Überlegung, wie unter § 7 S. 14, zeigt, daß die Momentenfläche sich aus folgenden vier Normalzwickeln zusammensetzt:

Dem Normalzwickel 1. Grades $\{A_1B_1A_1''\}$
„ „ 1. „ $\{B_1A_1''B_1''\}$
„ „ 1. „ $\{B_1''A_1''B_1'\}$
„ „ (m+2) ten „ $\{B_1'C_1'B_1''\}$

Die Grundlinien dieser Zwickel sind:

$$\overline{A_1A_1''} = M_A, \quad \overline{B_1B_1''} = M_B, \quad \overline{B_1''B_1'} = \frac{Ph}{m+2}.$$

---
[8]) Benennung nach der „Hütte".

Wird der einfache Balken $\overline{(A)(B)}$ mit dem $\frac{1}{EJ}$-fachen der schraffierten Momentenfläche belastet, so müssen die beiden Querkräfte $(Q)_A$ und $(Q)_B$ nach dem Satze v. d. N. d. e. L. verschwinden.

Nun aber ist:

$$0 = (Q)_A = (A) = \frac{1}{EJ}\left[\frac{2}{3}\cdot\frac{1}{2} l M_A + \frac{1}{3}\cdot\frac{1}{2} l M_B \right.$$
$$\left. + \frac{1}{3}\cdot\frac{1}{2} l \frac{Ph}{(m+2)} - \frac{1}{(m+3)} h \frac{Ph}{(m+2)} \cdot \frac{\frac{h}{m+4}}{l}\right]$$

und

$$0 = (Q)_B = -(B) = -\frac{1}{EJ}\left[\frac{1}{3}\cdot\frac{1}{2} l M_A + \frac{2}{3}\cdot\frac{1}{2} l M_B \right.$$
$$\left. + \frac{2}{3}\cdot\frac{1}{2} l \frac{Ph}{(m+2)} - \frac{1}{(m+3)} h \frac{Ph}{(m+2)} \cdot \frac{1-\frac{h}{m+4}}{l}\right].$$

Hieraus entstehen folgende Gleichungen zur Bestimmung von M_A und M_B:

$$2 M_A + M_B = -\frac{Ph}{m+2}\left[1 - \frac{6}{(m+3)(m+4)}\left(\frac{h}{l}\right)^2\right],$$

$$M_A + 2 M_B = -\frac{Ph}{m+2}\left[2 - \frac{6}{m+3}\cdot\frac{h}{l}\cdot\frac{\left(1-\frac{h}{m+4}\right)}{l}\right].$$

Die Auflösung dieser Gleichungen ergibt:

$$M_A = -\frac{2}{(m+2)(m+3)(m+4)}\cdot\frac{h}{l}\left[(m+4)\right.$$
$$\left. -3\frac{h}{l}\right] Ph \qquad (36$$

$$M_B = -\frac{2}{(m+2)(m+3)(m+4)}\cdot\frac{h}{l}\left[3\frac{h}{l}\right.$$
$$\left. + (m+4)\left(\frac{(m+3)}{2}\cdot\frac{l}{h} - 2\right)\right] Ph \qquad (37$$

Spezialfälle.

Bestimmung der Einspannmomente M_A und M_B des eingespannten Balkens $\overline{AB}$ (Fig. 16) für folgende Belastungsfälle.

1. Belastungsfall: Einzellast P in C.

Es wird $m = -1$ in die Formeln (36) und (37) eingesetzt:

$$M_A = -\frac{Ph^2}{l^2} h' \quad \ldots \quad (38)$$

$$M_B = -\frac{Ph'^2}{l^2} h \quad \ldots \quad (39)$$

2. Belastungsfall:
Gleichmäßig über die Strecke $\overline{CB}$ (Fig. 16) verteilte Belastung P.

Es wird $m = 0$ in die Formeln (36) und (37) eingesetzt:

$$M_A = -\frac{1}{12} P\left(\frac{h}{l}\right)^2 (l + 3 h') \quad \ldots \quad (40)$$

$$M_B = -\frac{1}{12} P\left(\frac{h}{l}\right)^2 \left[3h + 2\frac{1}{h}(3h' - h)\right] \quad . \quad (41$$

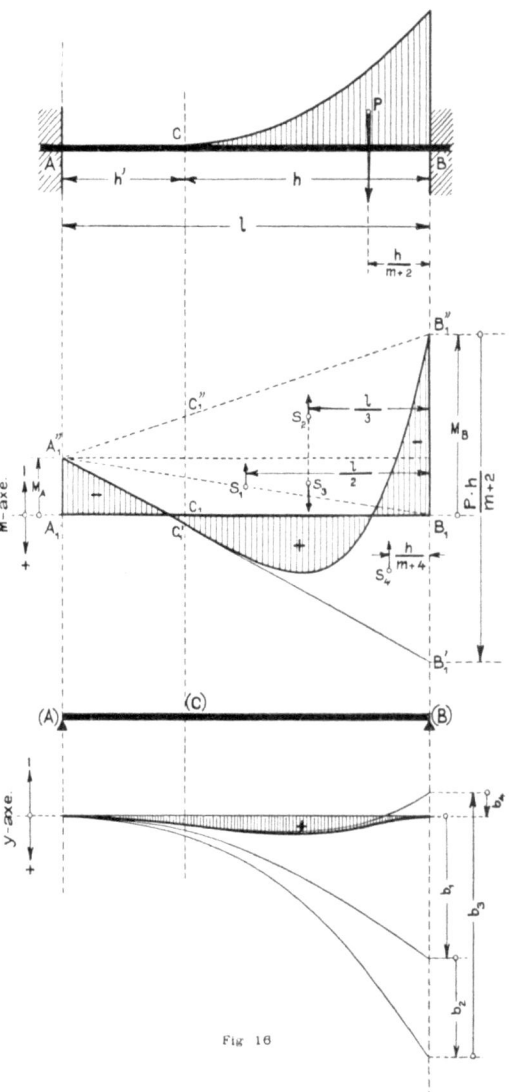

Fig. 16

3. Belastungsfall:

Dreiecklast P über $\overline{CB}$ (wie in Fig. 13).

Es wird $m = +1$ in die Formeln (36) und (37) eingesetzt:

— 18 —

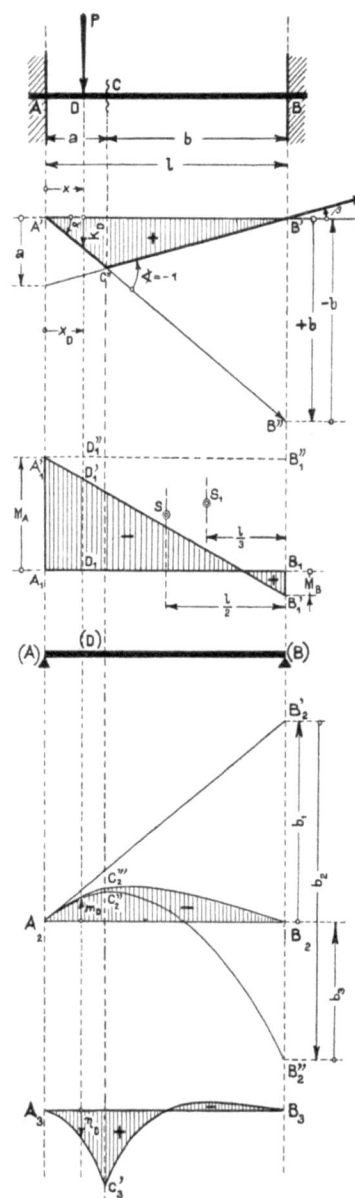

Fig. 17.

$$M_A = -\frac{1}{30} P \left(\frac{h}{l}\right)^2 \left[2l + 3h'\right] \quad \ldots \ldots \quad (42$$

$$M_B = -\frac{1}{30} P \left(\frac{h}{l}\right)^2 \left[3h + 10l\frac{h'}{h}\right] \quad \ldots \ldots \quad (43$$

4. Belastungsfall:
Gleichmäßig über den ganzen Balken verteilte Last P.

Es wird $h = l$ und also $h' = 0$ in den Formeln (40) und (41) eingesetzt:

$$M_A = -\frac{1}{12} P l \quad \ldots \ldots \quad (44$$

$$M_B = -\frac{1}{12} P l \quad \ldots \ldots \quad (45$$

5. Belastungsfall:
Dreiecklast über den ganzen Balken verteilt.
Es wird $h = l$ und $h' = 0$ in den Formeln (42) und (43) eingesetzt:

$$M_A = -\frac{1}{15} P l \quad \ldots \ldots \quad (46$$

$$M_B = -\frac{1}{10} P l \quad \ldots \ldots \quad (47$$

Aufgabe 7.

Bestimmung der Einflußlinie für das Biegungsmoment in einem beliebigen Querschnitte C des eingespannten Trägers $\overline{AB}$ (Fig. 17).

Nach Land (vergl. Seite 6) kann diese Einflußlinie als diejenige Biegungslinie des Balkens $\overline{AB}$ aufgefaßt werden, welche durch eine Knickung der Balkenachse im Punkte C um einen Winkel $= -1$ entsteht.

Diese Biegungslinie wird am einfachsten auf folgende Weise bestimmt:

In den Punkten A, B und C werden reibungslose Gelenke gedacht und die Balkenachse im Punkte C" um einen Winkel B"C"B' $= -1$ geknickt.

Die Auflagerbedingungen wären somit nicht erfüllt, denn die Balkenachse hat sich in A und B um den Winkel

$$\alpha = \frac{b}{l} \quad \text{resp.} \quad \beta = -\frac{a}{l}$$

gedreht. Diese Verdrehungen können nur durch Biegungsmomente verhindert werden, welche durch die Fläche $(A_1B_1B_1'A_1')$ [Fig. 17] dargestellt werden. Dieser Momentenfläche entspricht eine Biegungslinie $(A_2C_2'''B_2)$ [Fig. 17], deren Ordinaten m_D zu den entsprechenden Ordinaten k_D der Biegungslinie $(A'C''B')$ algebraisch addiert werden müssen, um die Ordinaten η_D der Einflußlinie $A_3C_3'B_3$ zu erhalten.

Die maßgebenden Ordinaten M_A und M_B der Momentenfläche $(A_1B_1B_1'A_1')$ können mit dem Satze v. d. N. d. e. L. leicht bestimmt werden:

Wird der einfache Balken $\overline{(A)(B)}$ mit dem $\frac{1}{EJ}$ fachen der Momentenfläche $(A_1B_1B_1'A_1')$ belastet, so entstehen in den Punkten (A) und (B) die beiden Querkräfte:

— 19 —

$(Q)_A = \frac{1}{EJ}\left(\frac{2}{3}\cdot\frac{1}{2}lM_A + \frac{1}{3}\cdot\frac{1}{2}lM_B\right) = \alpha'$

resp.

$(Q)_B = -\frac{1}{EJ}\left(\frac{1}{3}\cdot\frac{1}{2}lM_A + \frac{2}{3}\cdot\frac{1}{2}lM_B\right) = \beta'.$

Um die Auflagerbedingungen zu erfüllen, müssen die Winkel α' und β' die Summen $(\alpha+\alpha')$ und $(\beta+\beta')$ annullieren.

Es müssen also die Momente M_A und M_B folgende Bedingungsgleichungen erfüllen:

$(\alpha+\alpha') = \frac{b}{l} + \frac{1}{EJ}\left(\frac{2}{3}\cdot\frac{1}{2}lM_A + \frac{1}{3}\cdot\frac{1}{2}lM_B\right) = 0,$

$(\beta+\beta') = -\frac{a}{l} - \frac{1}{EJ}\left(\frac{1}{3}\cdot\frac{1}{2}lM_A + \frac{2}{3}\cdot\frac{1}{2}lM_B\right) = 0.$

Hieraus berechnen sich M_A und M_B zu

$$M_A = -\frac{2EJ}{l^2}(2b-a) \quad \ldots \quad (48$$

$$M_B = -\frac{2EJ}{l^2}(2a-b) \quad \ldots \quad (49$$

Fig. 17 zeigt, daß die Einflußlinie $(A_3C_3'B_3)$ als algebraische Summe folgender 5 Normalzwickel betrachtet werden kann: $\{B'A'B''\}$, $\{B''C'B'\}$, $\{B_2A_2B_2'\}$, $\{B_2'A_2C_2''B_2''\}$, $\{B_2''C_2''A_2C_2'''B_2'''\}$; die drei ersten Zwickel sind vom ersten, der vierte vom zweiten und der letzte vom dritten Grade.

Die Grundlinien dieser Zwickel sind:

$\overline{B'B''} = +b, \qquad \overline{B''B'} = -b,$

$\overline{B_2B_2'} = (A)l = \left[\frac{1}{2}\cdot\frac{lM_A}{EJ} + \frac{1}{3}\cdot\frac{\frac{1}{2}l(M_B-M_A)}{EJ}\right]l = -b \quad (50$

[nach Einsetzen der Werte von M_A und M_B aus den Formeln (48) und (49)]

$\overline{B_2'B_2''} = -\frac{lM_A}{EJ}\cdot\frac{1}{2} = 2b-a \ldots \ldots (51$

endlich:

$\overline{B_2''B_2'''} = -\frac{\frac{1}{2}l(M_B-M_A)}{EJ}\cdot\frac{1}{3} = -b+a \ldots (52$

Die Kenntnis dieser Grundlinien genügt zur Berechnung sämtlicher Ordinaten, wie k_D und m_D und somit der Ordinaten der gesuchten Einflußlinie nach der Formel

$$\eta_D = k_D + m_D \ldots \ldots (53$$

§ 9. Der Balken auf drei Stützen.
Aufgabe 8.

Untersuchung der Momentenfläche des mit einem Normalzwickel m ten Grades P belasteten kontinuierlichen Balkens ABC (Fig. 18).

Ähnliche Betrachtungen, wie z. B. bei den Aufgaben 4 u. 6, zeigen, daß die Momentenfläche aus folgenden vier Normalzwickeln zusammengesetzt ist:

$\{B_1A_1B_1'\}$, $\{B_1A_1B_1''\}$, $\{B_1C_1B_1''\}$ u. $\{B_1'D_1'B_1\}$.

Die drei ersten dieser Zwickel sind vom ersten und der letzte vom $(m+2)$ten Grade. Die Größe der Grundlinien ist in Fig. 18 angegeben.

Der analytische Ausdruck der Gleichheit der Neigungen im Punkte B der elastischen Linien der Abschnitte $\overline{AB}$ und $\overline{BC}$ ist nichts anderes als die Bedingungsgleichung zur Bestimmung des unbekannten Stützenmomentes M_B.

Nach dem Satze v. d. N. d. e. L.[9] betragen diese Neigungen:

$\alpha_1' = (Q)_B = -\frac{1}{EJ}\left[\frac{2}{3}\cdot\frac{1}{2}\frac{Ph_1}{m+2} - \left(\frac{1}{m+3}h_1\frac{Ph_1}{m+2}\right)\frac{l_1-\frac{h_1}{m+4}}{l_1} + \frac{2}{3}\cdot\frac{1}{2}l_1M_B\right],$

$\alpha_2 = (Q)_B' = -\frac{1}{EJ}\left(\frac{2}{3}\cdot\frac{1}{2}l_2M_B\right).$

Aus der Bedingungsgleichung $\alpha_1' = \alpha_2$ folgt durch Auflösung nach M_B:

$$M_B = -\frac{1 - \frac{3}{(m+3)(m+4)}\cdot\frac{h_1}{l_1}\left[(m+4)-\frac{h_1}{l_1}\right]}{(m+2)\left(1+\frac{l_2}{l_1}\right)}Ph_1 \quad (54$$

Dieses Moment, in Verbindung mit dem Moment $\overline{B_1B_1'} = \frac{Ph_1}{m+2}$, genügt zur Bestimmung der ganzen Momentenfläche.

Spezialfälle.

Bestimmung des Stützenmomentes M_B des Balkens auf drei Stützen ABC (Fig. 18) für folgende Belastungsfälle:

1. **Fall**: Einzellast P im Punkte D.

Es wird $m = -1$ in die Formel (54) eingesetzt, was folgenden Ausdruck zur Folge hat:

$$M_B = -\frac{1 - \frac{1}{2}\cdot\frac{h_1}{l_1}\left(3 - \frac{h_1}{l_1}\right)}{\left(1+\frac{l_2}{l_1}\right)}P\cdot h_1 \quad . \quad (55$$

2. **Fall**: Gleichmäßig auf der Strecke $\overline{DB}$ verteilte Last P.

In Formel (54) wird $m = 0$ eingesetzt und es wird:

---

[9] Vergl. Bemerkung 7 auf Seite 15.

$$M_B = \frac{1 - \frac{1}{4} \cdot \frac{h_1}{l_1}\left(4 - \frac{h_1}{l_1}\right)}{2\left(1 + \frac{l_2}{l_1}\right)} P \cdot h_1 \quad . \quad (56$$

3. Fall: Dreiecklast (wie in Fig. 13) auf der Strecke $\overline{DB}$ (Fig. 18).

In Formel (54) wird $m = +1$ gemacht:

$$M_B = -\frac{1 - \frac{3}{20} \cdot \frac{h_1}{l_1}\left(5 - \frac{h_1}{l_1}\right)}{3\left(1 + \frac{l_2}{l_1}\right)} P \cdot h_1 \quad . \quad (57$$

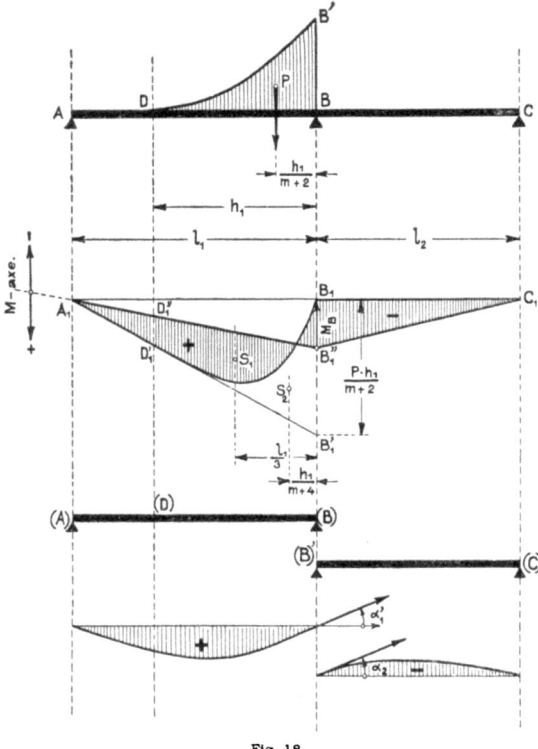

Fig. 18.

4. Fall: Gleichförmig auf $\overline{AB}$ verteilte Belastung P.

In Formel (56) wird $h_1 = l_1$ eingesetzt.

$$M_B = -\frac{P \cdot l_1}{8\left(1 + \frac{l_2}{l_1}\right)}.$$

5. Fall: Dreiecklast P auf AB.

In Formel (57) wird $h_1 = l_1$ gemacht:

$$M_B = -\frac{2}{15} \cdot \frac{P \cdot l_1}{\left(1 + \frac{l_2}{l_1}\right)} \quad . \quad . \quad (59$$

Aufgabe 9.

Bestimmung der Einflußfläche für die Biegungsmomente in einem beliebigen Schnitte L des Balkens auf 3 Stützen ABC (Fig. 19).

Die Einflußfläche wird als spezielle Biegungsfläche nach Land aufgefaßt. In den Punkten A, L und B werden drei reibungslose Gelenke gedacht und die Balkenachse im Punkte L um einen Winkel $(B_1'L_1'B_1) = -1$ geknickt.

Dadurch werden die Auflagerbedingungen verletzt, denn die beiden Querschnitte in B haben sich um den Winkel $\beta = -\frac{a_1}{l_1}$ gegeneinander verdreht.

Die Knickung der Balkenachse im Punkte L ruft also im durchlaufenden Balken Biegungsmomente hervor, welche durch die Fläche $(A_2B_2C_2B_2'A_2)$ dargestellt sind.

Die maßgebende Ordinate M_B dieser Fläche berechnet sich aus dem analytischen Ausdruck der Stetigkeit der elastischen Linie über dem Auflager B.

Nach dem Satze v. d. N. d. e. L. entsprechen der Momentenfläche $(A_2B_2C_2B_2'A_2)$ Neigungen im Punkte B der elastischen Linien der Abschnitte $\overline{AB}$ und $\overline{BC}$

$$\alpha_1' = (Q)_B = -\frac{1}{EJ}\left[\frac{2}{3} \cdot \frac{1}{2} l_1 M_B\right]$$

$$\alpha_2 = (Q)_{B'} = \frac{1}{EJ}\left[\frac{2}{3} \cdot \frac{1}{2} l_2 M_B\right].$$

Verläuft die elastische Linie des durchlaufenden Balkens stetig über dem Auflager B, so muß:

$$\beta + \alpha_1' = \alpha_2$$

sein, oder:

$$-\frac{a_1}{l_1} - \frac{1}{EJ}\left[\frac{2}{3} \cdot \frac{1}{2} l_1 M_B\right] = \frac{1}{EJ}\left[\frac{2}{3} \cdot \frac{1}{2} l_2 M_B\right]$$

woraus:

$$M_B = -\frac{3 a_1 EJ}{l_1 (l_1 + l_2)} \quad . \quad . \quad . \quad . \quad (60$$

Die gesuchte Einflußfläche ist gleich der algebraischen Summe der Biegeflächen $(A_1L_1'B_1)$, $(A_3L_3''B_3)$ und $(B_4F_4''C_4)$, welche einerseits der Knickung der Balkenachse im Punkte L, andererseits den durch diese Knickung im durchlaufenden Balken hervorgerufenen Biegungsmomenten entsprechen.

Aus Fig. 19 geht hervor, daß die Einflußfläche für die Biegungsmomente im Querschnitte

L in folgende 6 Normalzwickel aufgelöst werden kann:

$\{B_1A_1B_1'\}$, $\{B_1'L_1'B_1\}$, $\{B_3A_3B_3'\}$, $\{B_4C_4B_4'\}$,

$\{B_3'A_3L_3''B_3\}$ und $\{B_4'C_4F_4''B_4\}$.

Die vier ersten dieser Zwickel sind vom ersten und die beiden letzten vom 3. Grade.

Die Grundlinien dieser Zwickel, die zur Berechnung ihrer Ordinaten genügen, sind:

$$\overline{B_1'B_1} = b_1 \quad \ldots \ldots \ldots (61$$

$$\overline{B_3B_3'} = \frac{\frac{1}{2}l_1 \cdot \left(-\frac{3a_1 EJ}{l_1(l_1+l_2)}\right)}{EJ} \cdot \frac{l_1}{3}$$

$$= -\frac{1}{2} \cdot \frac{a_1}{\left(1+\frac{l_2}{l_1}\right)} \quad \ldots \ldots \ldots (62$$

$$\overline{B_4B_4'} = \frac{\frac{1}{2}l_2 \cdot \left(-\frac{3a_1 EJ}{l_1(l_1+l_2)}\right)}{EJ} \cdot \frac{l_2}{3}$$

$$= -\frac{1}{2} a_1 \frac{l_2^2}{l_1(l_1+l_2)} \quad \ldots \ldots (63$$

Aufgabe 10.

Bestimmung der Einflußlinie für den Auflagerdruck B des Balkens auf 3 Stützen ABC (Fig. 20).

Nach dem 2. Satz von Land (vgl. Seite 6) kann diese Einflußlinie als diejenige Biegungslinie $(A_1B_1'C_1)$ des Balkens betrachtet werden, welche durch eine Senkung η_B des Auflagers B entsteht

Eine Last P im Punkte D angreifend erzeugt also den Auflagerdruck

$$B = P \frac{\eta_D}{\eta_B} \quad \ldots \ldots (64$$

Die Senkung des Auflagers B ruft Biegungsmomente im Balken ABC hervor, welche durch die Fläche $(A_2B_2C_2B_3'A_2)$ dargestellt werden.

Die maßgebende Ordinate M_B dieser Fläche berechnet sich aus dem analytischen Ausdruck für die Stetigkeit der elastischen Linie $(A_1B_1'C_1)$ im Punkte B_1'.

Die absolute Neigung im Punkte B der elastischen Linie der Abschnitte $\overline{AB}$ und $\overline{BC}$ des Balkens ABC beträgt:

$$\nu_1' = \frac{\eta_B}{l_1} + (Q)_B = \frac{\eta_B}{l_1} - \frac{1}{EJ}\left[\frac{2}{3} \cdot \frac{1}{2} l_1 M_B\right]$$

$$\nu_2 = \frac{-\eta_B}{l_2} + (Q)_{B_1} = -\frac{\eta_B}{l_2} + \frac{1}{EJ}\left[\frac{2}{3} \cdot \frac{1}{2} l_2 M_B\right].$$

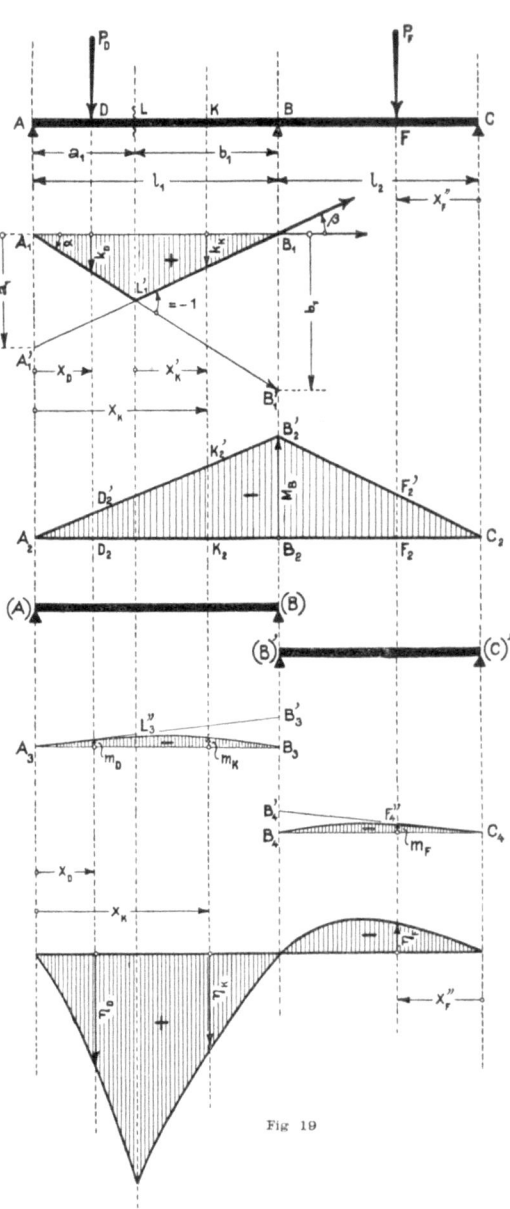

Fig. 19

Da die elastische Linie $(A_1B_1'C_1)$ im Punkte B_1' stetig verläuft, so müssen die beiden Winkel ν_1' und ν_2 einander gleich sein, das heißt:

$$\nu_1' = \nu_2$$

oder:

$$\frac{\eta_B}{l_1} - \frac{1}{EJ}\left[\frac{2}{3} \cdot \frac{1}{2} l_1 M_B\right] = -\frac{\eta_B}{l_2}$$

$$+ \frac{1}{EJ}\left[\frac{2}{3} \cdot \frac{1}{2} l_2 M_B\right]$$

$$k_D = -\frac{\eta_B}{l_1} \cdot x_D \quad \ldots \ldots (67$$

und die Ordinaten m_D, die nichts anderes als die „relativen Einsenkungen des beliebigen Punktes D" darstellen (vgl. Seite 6) durch den Satz von Mohr. Zur Bestimmung von m_D wird nach diesem der einfache Balken $\overline{(A)(B)}$ mit dem $\frac{1}{EJ}$-fachen der Momentenfläche $(A_2 B_2 B_2')$ belastet und das neue Biegungsmoment im Schnitte (D) bestimmt.

Die Momentenfläche des Balkens $\overline{(A)(B)}$ setzt sich aus den beiden Normalzwickeln $\{B_3 D_3 A_3 B_3'\}$ und $\{B_3' A_3 D_3'' B_3\}$, welche vom ersten respektive vom dritten Grade sind, zusammen.

Die gemeinsame Grundlinie dieser Zwickel ist:

$$\overline{B_3 B_3'} = -\overline{B_3' B_3} = \frac{\frac{1}{2} l_1 \frac{3 \eta_B E J}{l_1 l_2}}{E J} \cdot \frac{l_1}{3} = \frac{1}{2} \eta_B \frac{l_1}{l_2}$$

oder $\quad \overline{B_3 B_3'} = \frac{1}{2} \eta_B \frac{l_1}{l_2} \quad \ldots \ldots (68$

Die Berechnung der Ordinaten η_F ist derjenigen der Ordinaten η_B ähnlich.

§. 10. Der Balken auf 4 Stützen.

Aufgabe 11.

Bestimmung der Momentenfläche des in der ersten Öffnung mit einem Normalzwickel $m_1$ten Grades P_1 belasteten Balkens auf 4 Stützen ABCD (Fig. 21).

Die Momentenfläche setzt sich aus 6 Normalzwickeln zusammen, welche paarweise folgende Grundlinien besitzen:

$$\frac{P_1 h_1}{m_1 + 2} \qquad M_B \text{ und } M_C.$$

Der analytische Ausdruck für den stetigen Verlauf der elastischen Linie des Balkens $\overline{ABCD}$ über den Stützen B und C ergibt 2 Gleichungen zur Bestimmung von M_B und M_C. Nach dem Satze v. d. N. d. e. L. ist die Neigung der elastischen Linie der Balkenabschnitte $\overline{AB}$, $\overline{BC}$ und $\overline{CD}$ in den Punkten B und C:

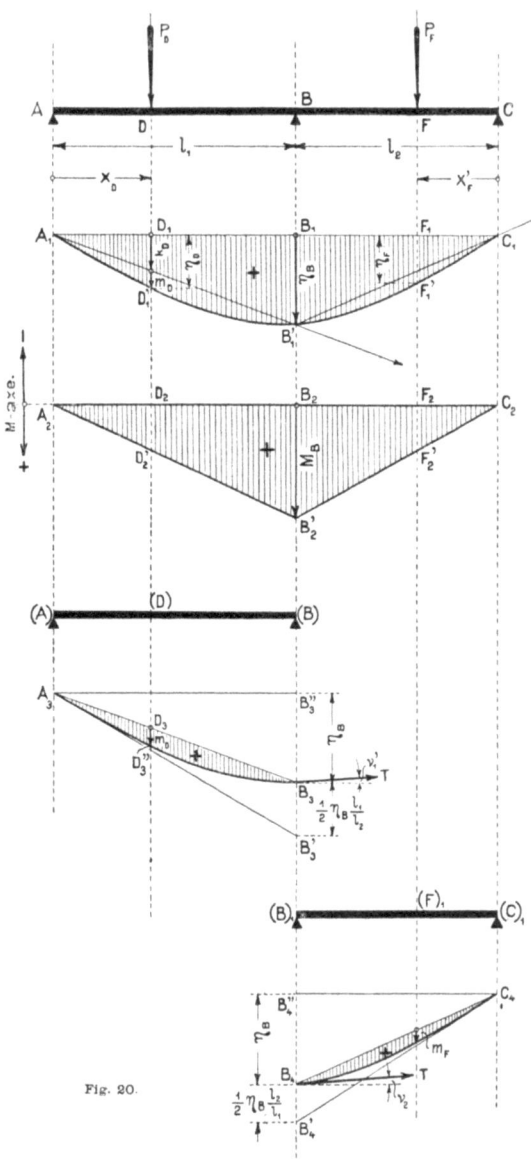

Fig. 20.

woraus

$$M_B = \frac{3 \eta_B E J}{l_1 l_2} \quad \ldots \ldots (65$$

Fig. 20 zeigt, daß die Ordinaten der Einflußlinie in 2 Komponenten zerlegt werden können, nach folgender Gleichung:

$$\eta_D = k_D + m_D \quad \ldots \ldots (66$$

Die Ordinaten k_D lassen sich durch Formel (67) bestimmen.

$$\alpha_1' = (Q)_B = -\frac{1}{EJ} \left[\frac{2}{3} \cdot \frac{1}{2} l_1 \frac{P_1 h_1}{m_1 + 2} \right.$$
$$\left. -\frac{1}{m_1 + 3} h_1 \frac{P_1 h_1}{m_1 + 2} \cdot \frac{l_1 - \frac{h_1}{m_1 + 4}}{l_1} + \frac{2}{3} \cdot \frac{1}{2} l_1 M_B \right]$$

$$\alpha_2 = (Q)_{B_1} = \frac{1}{EJ} \left[\frac{2}{3} \cdot \frac{1}{2} l_2 M_B + \frac{1}{3} \cdot \frac{1}{2} l_2 M_C \right]$$

$$\alpha_2' = -\frac{1}{EJ} \left[\frac{1}{3} \cdot \frac{1}{2} l_2 M_B + \frac{2}{3} \cdot \frac{1}{2} l_2 M_C \right]$$

$$\alpha_3 = \frac{1}{EJ} \left[\frac{2}{3} \cdot \frac{1}{2} l_3 M_C \right].$$

Verläuft die elastische Linie des Balkens $\overline{ABCD}$ stetig über die Auflager B und C, so muß

$$\alpha_2 = \alpha_1'$$
und
$$\alpha_3 = \alpha_2'$$
sein.

Die Auflösung dieser zwei Gleichungen nach M_B und M_C ergibt:

Spezialfälle.

Bestimmung der Stützenmomente M_B und M_C des durchlaufenden Balkens auf vier Stützen ABCD (Fig. 21) für folgende Belastungsfälle.

1. Belastungsfall: Einzellast in L.

Es wird $m_1 = -1$ in die Formeln (69) u. (70) eingesetzt.

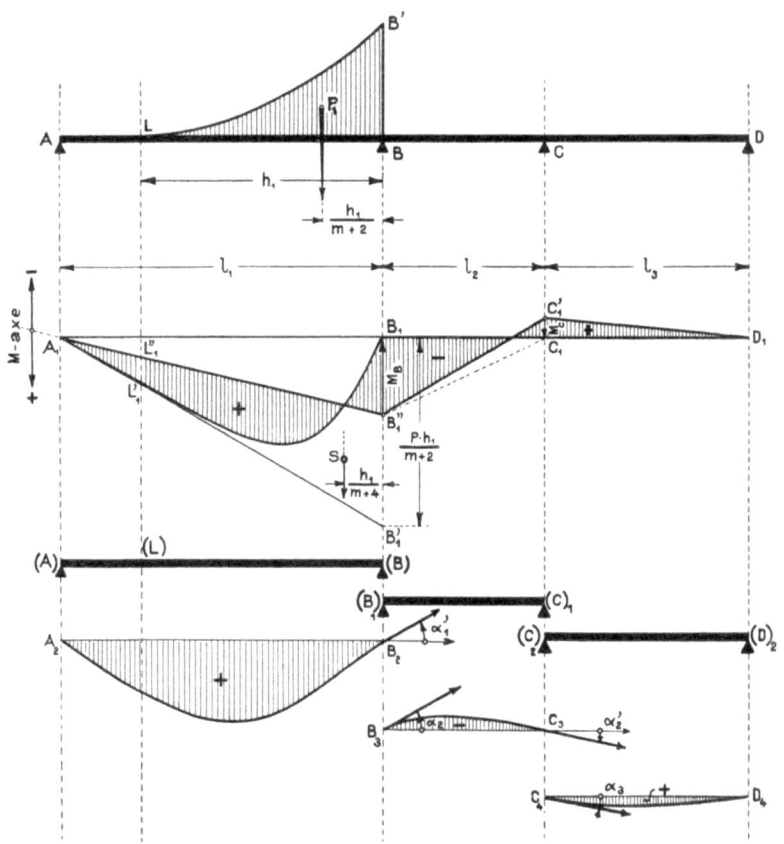

Fig. 21.

$$M_B = -\frac{4}{m_1+2} \cdot (l_2+l_3) \frac{l_1 - \frac{3}{m_1+3}h_1 \frac{l_1 - \frac{h_1}{m_1+4}}{l_1}}{4(l_1+l_2)(l_2+l_3) - l_2^2} P_1 \cdot h_1 \quad \ldots \ldots \quad (69$$

$$M_C = \frac{2}{m_1+2} l_2 \frac{l_1 - \frac{3}{m_1+3}h_1 \frac{l_1 - \frac{h_1}{m_1+4}}{l_1}}{4(l_1+l_2)(l_2+l_3) - l_2^2} P_1 h_1 \quad \ldots \ldots \ldots \ldots \quad (70$$

ferner: $\quad \dfrac{M_B}{M_C} = -\dfrac{2(l_2+l_3)}{l_2} \quad \ldots \ldots \quad (71$

Dadurch ist die ganze Momentenfläche bestimmt.

$$M_B = -4(l_2+l_3) \frac{l_1 - \frac{3}{2}h_1 \frac{l_1 - \frac{h_1}{3}}{l_1}}{4(l_1+l_2)(l_2+l_3) - l_2^2} P_1 h_1 \quad . \quad (72$$

$$M_C = 2 l_2 \frac{l_1 - \frac{3}{2} h_1 \dfrac{l_1 - \dfrac{h_1}{3}}{l_1}}{4(l_1 + l_2)(l_2 + l_3) - l_2^2} P_1 h_1 \dots \quad (73$$

2. Belastungsfall: Gleichmäßig verteilte Last auf der Strecke LB.

Es wird $m_1 = +1$ in den Formeln (69) u. (70) eingesetzt.

$$M_B = -\frac{4}{3}(l_2 + l_3)\frac{l_1 - \frac{3}{4} h_1 \dfrac{l_1 - \dfrac{h_1}{5}}{l_1}}{4(l_1 + l_2)(l_2 + l_3) - l_2^2} P_1 h_1 \dots \quad (76$$

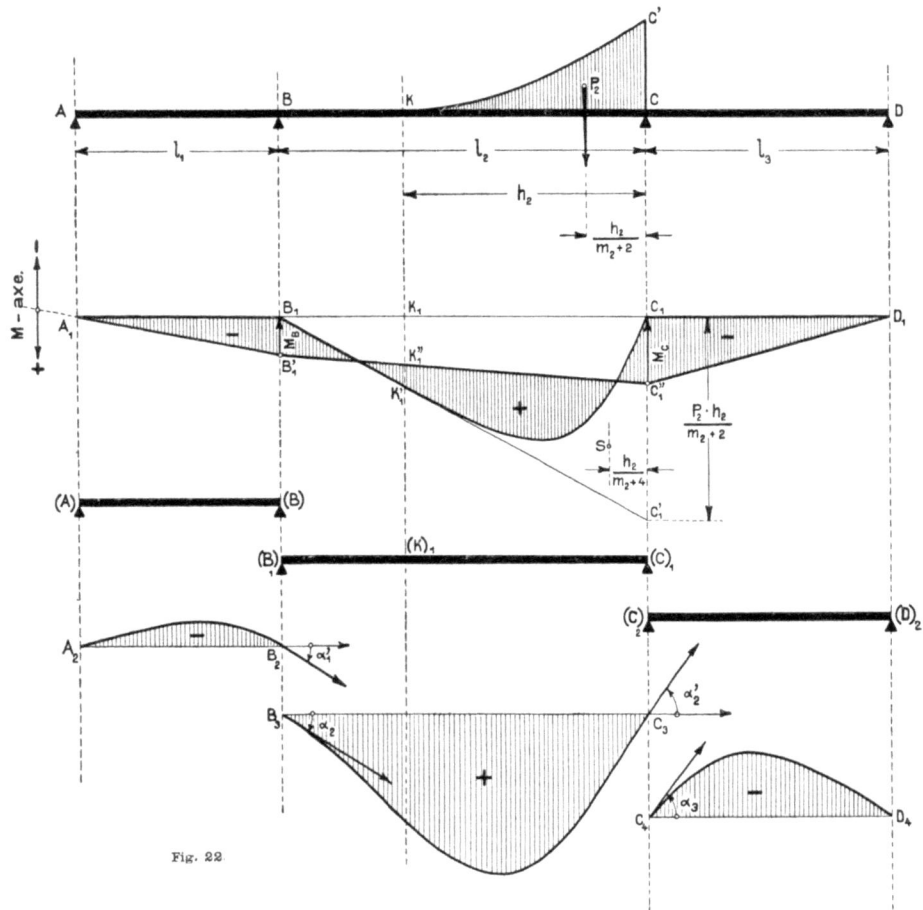

Fig. 22

Es wird $m_1 = 0$ in den Formeln (69) u. (70) eingesetzt:

$$M_B = -2(l_2 + l_3)\frac{l_1 - h_1 \dfrac{l_1 - \dfrac{h_1}{4}}{l_1}}{4(l_1 + l_2)(l_2 + l_3) - l_2^2} P_1 h_1 \quad (74$$

$$M_C = l_2 \frac{l_1 - h_1 \dfrac{l_1 - \dfrac{h_1}{4}}{l_1}}{4(l_1 + l_2)(l_2 + l_3) - l_2^2} P_1 h_1 \dots \quad (75$$

3. Belastungsfall: Dreiecklast auf der Strecke LB.

$$M_C = \frac{2}{3} l_2 \frac{l_1 - \frac{3}{4} h_1 \dfrac{l_1 - \dfrac{h_1}{5}}{l_1}}{4(l_1 + l_2)(l_2 + l_3) - l_2^2} P_1 h_1 \dots \quad (77$$

4. Belastungsfall: Gleichmäßig verteilte Last auf der ganzen Öffnung AB.

Es wird $h_1 = l_1$ in den Formeln (74) und (75) eingesetzt.

$$M_B = -\frac{1}{2} \cdot \frac{l_1 (l_2 + l_3)}{4(l_1 + l_2)(l_2 + l_3) - l_2^2} P_1 l_1 \dots \quad (78$$

$$M_C = \frac{1}{4} \cdot \frac{l_1 l_2}{4(l_1+l_2)(l_2+l_3) - l_2^2} P_1 l_1 \ldots \quad (79$$

5. Belastungsfall: Dreiecklast über AB.

Es wird $h_1 = l_1$ in den Formeln (76) u. (77) eingesetzt.

$$M_B = -\frac{8}{15} \cdot \frac{l_1(l_2+l_3)}{4(l_1+l_2)(l_2+l_3) - l_2^2} P_1 l_1 \ldots \quad (80$$

$$M_C = \frac{4}{15} \cdot \frac{l_1 l_2}{4(l_1+l_2)(l_2+l_3) - l_2^2} P_1 l_1 \ldots \quad (81$$

Aufgabe 12.

Bestimmung der Momentenfläche des mit einem Normalzwickel $m_2$ten Grades P_2 in der zweiten Öffnung belasteten Balkens auf 4 Stützen ABCD (Fig. 22).

Nach dem Vorhergehenden kann die Momentenfläche als algebraische Summe von 6 Normalzwickeln aufgefaßt werden. Diese Zwickel haben paarweise folgende Grundlinien:

$$\frac{P_2 h_2}{m_2+2}, \quad M_B \text{ und } M_C.$$

Die beiden letzten M_B und M_C müssen mit Hilfe der Elastizitätslehre bestimmt werden. Die elastische Linie des Balkens wird, den Stützen entsprechend, in drei Abschnitte geteilt, welche in A_2B_2, B_3C_3, C_4C_4 dargestellt sind. Die Stetigkeit der elastischen Linie des Balkens ABCD erfordert die Gleichheit der Winkel α_1' und α_2, ebenso diejenige der Winkel α_2' und α_3.

Nun ist nach dem Satze v. d. N. d. e. L.:

$$\alpha_1' = (Q)_B = -\frac{1}{EJ} \cdot \frac{2}{3} \cdot \frac{1}{2} l_1 M_B,$$

$$\alpha_2 = (Q)_{B_1} = \frac{1}{EJ}\left[\frac{1}{3} \cdot \frac{1}{2} l_2 \frac{P_2 h_2}{m_2+2} - \frac{1}{m_2+3} h_2 \frac{P_2 h_2}{m_2+2} \frac{\frac{h_2}{m_2+4}}{l_2} + \frac{2}{3} \cdot \frac{1}{2} l_2 M_B + \frac{1}{3} \cdot \frac{1}{2} l_2 M_C\right],$$

$$\alpha_2' = (Q)_{C_1} = -\frac{1}{EJ}\left[\frac{2}{3} \cdot \frac{1}{2} l_2 \frac{P_2 h_2}{m_2+2} - \frac{1}{m_2+3} h_2 \frac{P_2 h_2}{m_2+2} \frac{l_2 - \frac{h_2}{m_2+4}}{l_2} + \frac{1}{3} \cdot \frac{1}{2} l_2 M_B + \frac{2}{3} \cdot \frac{1}{2} l_2 M_C\right],$$

$$\alpha_3 = (Q)_{C_2} = \frac{1}{EJ}\left[\frac{2}{3} \cdot \frac{1}{2} l_3 M_C\right].$$

Werden diese Werte in die beiden oben erwähnten Gleichungen

$$\alpha_1' = \alpha_2$$

und

$$\alpha_2' = \alpha_3$$

eingesetzt und diese nach M_B und M_C aufgelöst, so erhält man:

$$M_B = -\frac{2}{m_2+2} \cdot \frac{(l_2+l_3)\left[l_2 - \frac{6h_2}{(m_2+3)(m_2+4)} \cdot \frac{h_2}{l_2}\right] - l_2\left[l_2 - \frac{3h_2}{m_2+3} \cdot \frac{l_2 - \frac{h_2}{m_2+4}}{l_2}\right]}{4(l_1+l_2)(l_2+l_3) - l_2^2} P_2 h_2 \quad (82$$

$$M_C = -\frac{1}{m_2+2} \cdot \frac{4(l_1+l_2)\left[l_2 - \frac{3}{m_2+3} \frac{l_2 - \frac{h_2}{m_2+4}}{l_2}\right] - l_2\left[l_2 - \frac{6h_2}{(m_2+3)(m_2+4)} \cdot \frac{h_2}{l_2}\right]}{4(l_1+l_2)(l_2+l_3) - l_2^2} P_2 h_2 \quad (83$$

Diese Werte, in Verbindung mit der M_0-Fläche genügen zur vollständigen Bestimmung der Momentenfläche.

Spezialfälle.

Bestimmung der Stützenmomente M_B und M_C des Balkens auf 4 Stützen ABCD (Fig. 22) für folgende Belastungsfälle:

1. Belastungsfall: Einzellast P in K.

$m_2 = -1$ wird in die Gl. (82) u. (83) eingesetzt:

$$M_B = -2 \frac{(l_1+l_2)\left[l_2 - \frac{h_2^2}{l_2}\right] - l_2\left[l_2 - \frac{3}{2}h_2 \frac{l_2 - \frac{1}{3}h_2}{l_2}\right]}{4(l_1+l_2)(l_2+l_3) - l_2^2} P_2 h_2 \quad \ldots \ldots \quad (84$$

$$M_C = - \frac{4(l_1+l_2)\left[l_2 - \frac{3}{2}h_2 \frac{l_2 - \frac{1}{3}h_2}{l_2}\right] - l_2\left[l_2 - \frac{h_2^2}{l_2}\right]}{4(l_1+l_2)(l_2+l_3) - l_2^2} P_2 h_2 \quad \ldots \ldots \quad (85$$

2. Belastungsfall: Gleichmäßig auf der Strecke $\overline{KC}$ verteilte Last P.

$m_2 = 0$ wird in die Gl. (82) u. (83) eingesetzt:

$$M_B = - \frac{(l_2+l_3)\left[l_2 - \frac{1}{2}\cdot\frac{h_2^2}{l_2}\right] - l_2\left[l_2 - h_2 \frac{l_2 - \frac{1}{4}h_2}{l_2}\right]}{4(l_1+l_2)(l_2+l_3) - l_2^2} P_2 h_2 \quad \ldots \ldots \quad (86$$

$$M_C = -\frac{1}{2}\cdot\frac{4(l_1+l_2)\left[l_2 - h_2 \frac{l_2 - \frac{1}{4}h_2}{l_2}\right] - l_2\left[l_2 - \frac{1}{2}\cdot\frac{h_2^2}{l_2}\right]}{4(l_1+l_2)(l_2+l_3) - l_2^2} P_2 h_2 \quad \ldots \ldots \quad (87$$

3. Fall. Dreiecklast auf der Strecke KC.

$m_2 = +1$ wird in die Gleichungen (82) und (83) eingesetzt.

$$M_B = -\frac{2}{3}\cdot\frac{(l_2+l_3)\left[l_2 - \frac{3}{10}\cdot\frac{h_2^2}{l_2}\right] - l_2\left[l_2 - \frac{3}{4}h_2 \frac{l_2 - \frac{1}{5}h_2}{l_2}\right]}{4(l_1+l_2)(l_2+l_3) - l_2^2} P_2 h_2 \quad \ldots \quad (88$$

$$M_C = -\frac{1}{3}\cdot\frac{4(l_1+l_2)\left[l_2 - \frac{3}{4}h_2 \frac{l_2 - \frac{1}{5}h_2}{l_2}\right] - l_2\left[l_2 - \frac{3}{10}\cdot\frac{h_2^2}{l_2}\right]}{4(l_1+l_2)(l_2+l_3) - l_2^2} P_2 h_2 \quad \ldots \quad (89$$

4. Fall. Gleichmäßig verteilte Last auf der ganzen Öffnung BC.

Wir setzen $h_2 = l_2$ in die Gleichungen (86) und (87) ein.

$$M_B = -\frac{1}{2}\cdot\frac{(l_2+l_3)l_2 - \frac{1}{2}l_2^2}{4(l_1+l_2)(l_2+l_3) - l_2^2} P_2 l_2 \quad . \quad (90$$

$$M_C = -\frac{(l_1+l_2)l_2 - \frac{1}{2}l_2^2}{4(l_1+l_2)(l_2+l_3) - l_2^2} P_2 l_2 \quad . . . \quad (91$$

5. Fall. Dreieckförmige Last auf der ganzen Öffnung BC.

Wir setzen $h_2 = l_2$ in die Gleichungen (88) und (89) ein.

$$M_B = -\frac{2}{30}\cdot\frac{7(l_2+l_3)l_2 - 6 l_2^2}{4(l_1+l_2)(l_2+l_3) - l_2^2} P_2 l_2 \quad (92$$

$$M_C = -\frac{1}{30}\cdot\frac{16(l_1+l_2)l_2 - 7 l_2^2}{4(l_1+l_2)(l_2+l_3) - l_2^2} P_2 l_2 \quad (93$$

Aufgabe 13.

Bestimmung der Einflußfläche für die Biegungsmomente in einem beliebigen Querschnitte L der ersten Öffnung eines Balkens auf vier Stützen ABCD (Fig. 23).

Wie in der Aufgabe 9 werden drei reibungslose Gelenke in den Punkten A, L und B gedacht und die Achse des Balkens im Punkte L um einen Winkel $(B_1'L_1'B_1) = -1$ geknickt.

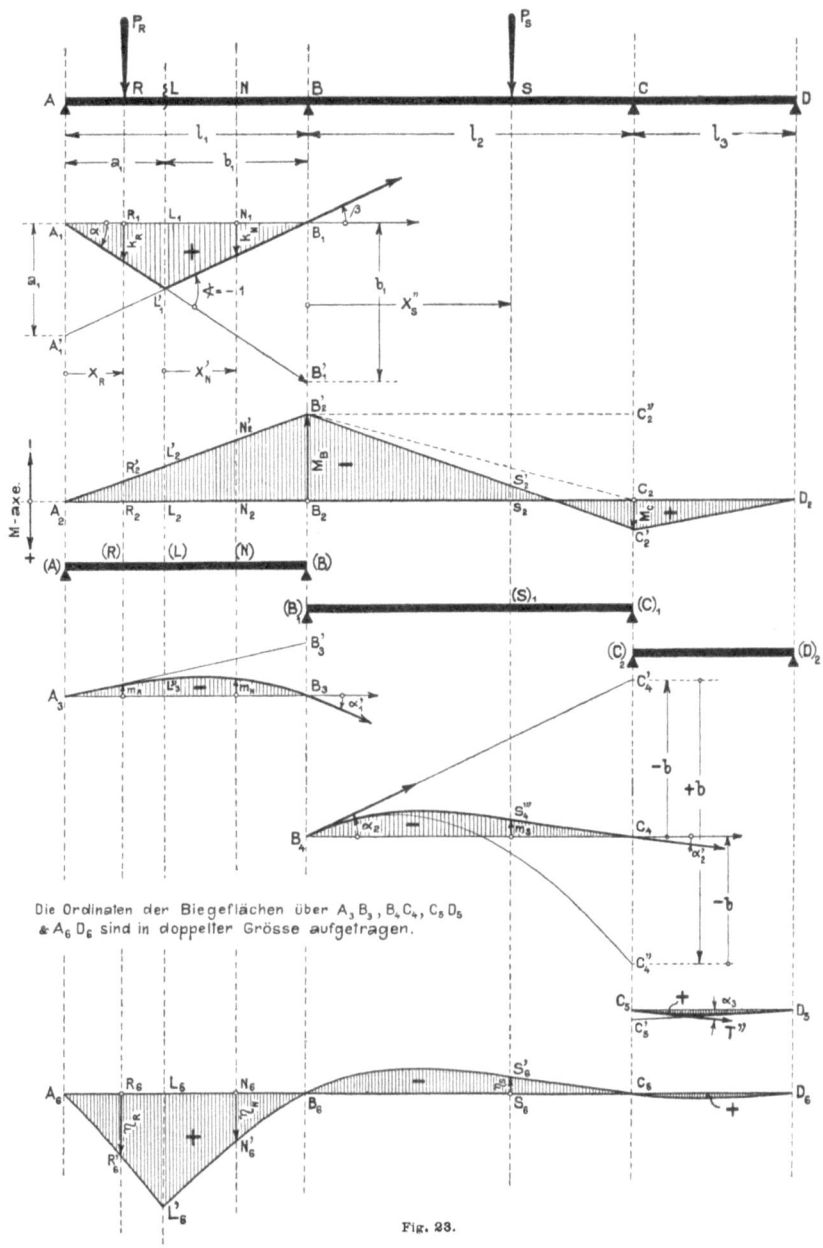

Fig. 23.

Die Auflagerbedingungen werden dadurch verletzt. Es müssen also Biegungsmomente im Balken (ABCD) auftreten, welche durch die Fläche $(A_2B_2C_2D_2C_2'B_2'A_2)$ dargestellt werden.

Zur Bestimmung der beiden maßgebenden Ordinaten M_B' und M_C dieser Fläche dient der analytische Ausdruck für die Stetigkeit der elastischen Linie des Balkens (ABCD) in den Punkten B und C.

Nach dem Satze v. d. N. d. e. L. beträgt die Neigung der elastischen Linie der Abschnitte $\overline{AB}$, $\overline{BC}$ und $\overline{CD}$ des Balkens (ABCD) in den Punkten B und C:

$$\alpha_1' = -\frac{1}{EJ}\left[\frac{2}{3}\cdot\frac{1}{2}l_1 M_B\right]$$

$$\alpha_2 = \frac{1}{EJ}\left[\frac{2}{3}\cdot\frac{1}{2}l_2 M_B + \frac{1}{3}\cdot\frac{1}{2}l_2 M_C\right]$$

$$\alpha_2' = -\frac{1}{EJ}\left[\frac{1}{3}\cdot\frac{1}{2}l_2 M_B + \frac{2}{3}\cdot\frac{1}{2}l_2 M_C\right]$$

$$\alpha_3 = \frac{1}{EJ}\left[\frac{2}{3}\cdot\frac{1}{2}l_3 M_C\right].$$

Verläuft die elastische Linie des nur im Punkte L um einen Winkel $=-1$ zu knickenden Balkens ABCD stetig über die Auflagerpunkte B und C, so müssen

$$\beta + \alpha_1' = \alpha_2$$
und
$$\alpha_2' = \alpha_3$$
sein.

Durch Einsetzen der Werte dieser Winkel in Funktion von M_B und M_C enstehen zwei Gleichungen, welche nach M_B und M_C aufgelöst folgende Werte ergeben:

$$M_B = -\frac{12\,a\,EJ}{4(l_1+l_2)(l_2+l_3)-l_2^2}\cdot\frac{(l_2+l_3)}{l_1} \quad . \quad (94$$

$$M_C = \frac{6\,a\,EJ}{4(l_1+l_2)(l_2+l_3)-l_2^2}\cdot\frac{l_2}{l_1} \quad \ldots \quad (95$$

Wie früher schon bemerkt, entsteht die gesuchte Einflußfläche ($A_6L_6'D_6$) durch einfache algebraische Addition der beiden Biegeflächen ($A_1L_1'B_1$), welche der Knickung der Balkenachse in L und ($A_3L_3''B_3, B_4S_4'''C_4, C_5T''D_5$), welche den durch die Auflagerbedingungen hervorgerufenen Biegungsmomenten entsprechen.

Es ergibt sich also hier auch wieder die einfache Beziehung

$$\eta_R = k_R + m_R \ldots \ldots \quad (96$$

Die Berechnung von k_R geht aus Figur 23 hervor; es ist

$$k_R = \frac{b_1}{l_1}x_R \ldots \ldots \quad (97$$

Die Berechnung von m_R resp. m_S und m_T geschieht am einfachsten mit dem logarithmischen Rechenschieber nach der Bestimmung der Grundlinien:

$$\left.\begin{array}{l}\overline{B_3B_3'} = \left[\frac{1}{EJ}\cdot\frac{1}{2}l_1 M_B\right]\frac{l_1}{3} \\ = -\dfrac{2\,a\,l_1}{4(l_1+l_2)-\left(\dfrac{l_2^2}{l_2+l_3}\right)}\end{array}\right\} \ldots (98$$

resp.

$$\left.\begin{array}{l}\overline{C_4'C_4''} = -\left[\frac{1}{EJ}l_2 M_B\right]\frac{l_2}{2} \\ = +\dfrac{6\,a\,\dfrac{l_2^2}{l_1}}{4(l_1+l_2)-\dfrac{l_2^2}{(l_2+l_3)}}\end{array}\right\} \ldots (99$$

und

$$\left.\begin{array}{l}\overline{C_4'C_4} = -\left[\frac{1}{EJ}\cdot\frac{1}{2}l_2(M_B-M_C)\right]\frac{l_2}{3} \\ = -\dfrac{a\left(2+\dfrac{l_2}{l_2+l_3}\right)\dfrac{l_2^2}{l_1}}{4(l_1+l_2)-\dfrac{l_2^2}{l_2+l_3}}\end{array}\right\} \cdot (100$$

endlich

$$\left.\begin{array}{l}\overline{C_5C_5'} = \left[\frac{1}{EJ}\cdot\frac{1}{2}l_3 M_C\right]\frac{l_3}{3} \\ = \dfrac{a\,l_3^2}{4(l_1+l_2)(l_2+l_3)-l_2^2}\cdot\dfrac{l_2}{l_1}\end{array}\right\} \ldots (101$$

Aufgabe 14.

Bestimmung der Einflußfläche für die Biegungsmomente in einem beliebigen Querschnitte N der zweiten Öffnung eines Balkens auf vier Stützen (ABCD) (Fig. 24).

Die Achse der zweiten Öffnung wird wie in der vorigen Aufgabe um den Winkel ($C_1'N_1'C_1$) $= -1$ geknickt. Dadurch und durch die Auflagerbedingungen werden Biegungsmomente hervorgerufen, welche durch die Fläche A_2D_2 dargestellt werden. Die maßgebenden Ordinaten M_B und M_C dieser Fläche berechnen sich mit Hilfe der folgenden Bedingungsgleichungen

$$\alpha + \alpha_2 = \alpha_1'$$

$$\alpha_3 = \alpha_2' + \beta,$$

in welchen die Winkel, ähnlich wie in Aufgabe 13, in Funktion von M_B, M_C, a_2 und b_2 einzusetzen sind.

Die Auflösung dieses Gleichungssystems ergibt:

$$M_B = -\frac{6\,EJ}{l_2}\cdot\frac{2\,b_2(l_2+l_3)-a_2 l_2}{4(l_1+l_2)(l_2+l_3)-l_2^2} \cdot (102$$

und

$$M_C = -\frac{6\,EJ}{l_2}\cdot\frac{2\,a_2(l_1+l_2)-b_2 l_2}{4(l_1+l_2)(l_2+l_3)-l_2^2} \cdot (103$$

Nun werden die Grundlinien der Zwickeln, welche die Biegeflächen A_3B_3, B_4C_4 und C_5D_5 zusammensetzen, berechnet:

$$\left.\begin{array}{l}\overline{B_3B_3'} = \left[\frac{1}{2}l_1 \dfrac{M_B}{EJ}\right]\dfrac{l_1}{3} \\ = -\dfrac{l_1^2}{l_2}\cdot\dfrac{2\,b_2(l_2+l_3)-a_2 l_2}{4(l_1+l_2)(l_2+l_3)-l_2^2}\end{array}\right\} \ldots (104$$

— 29 —

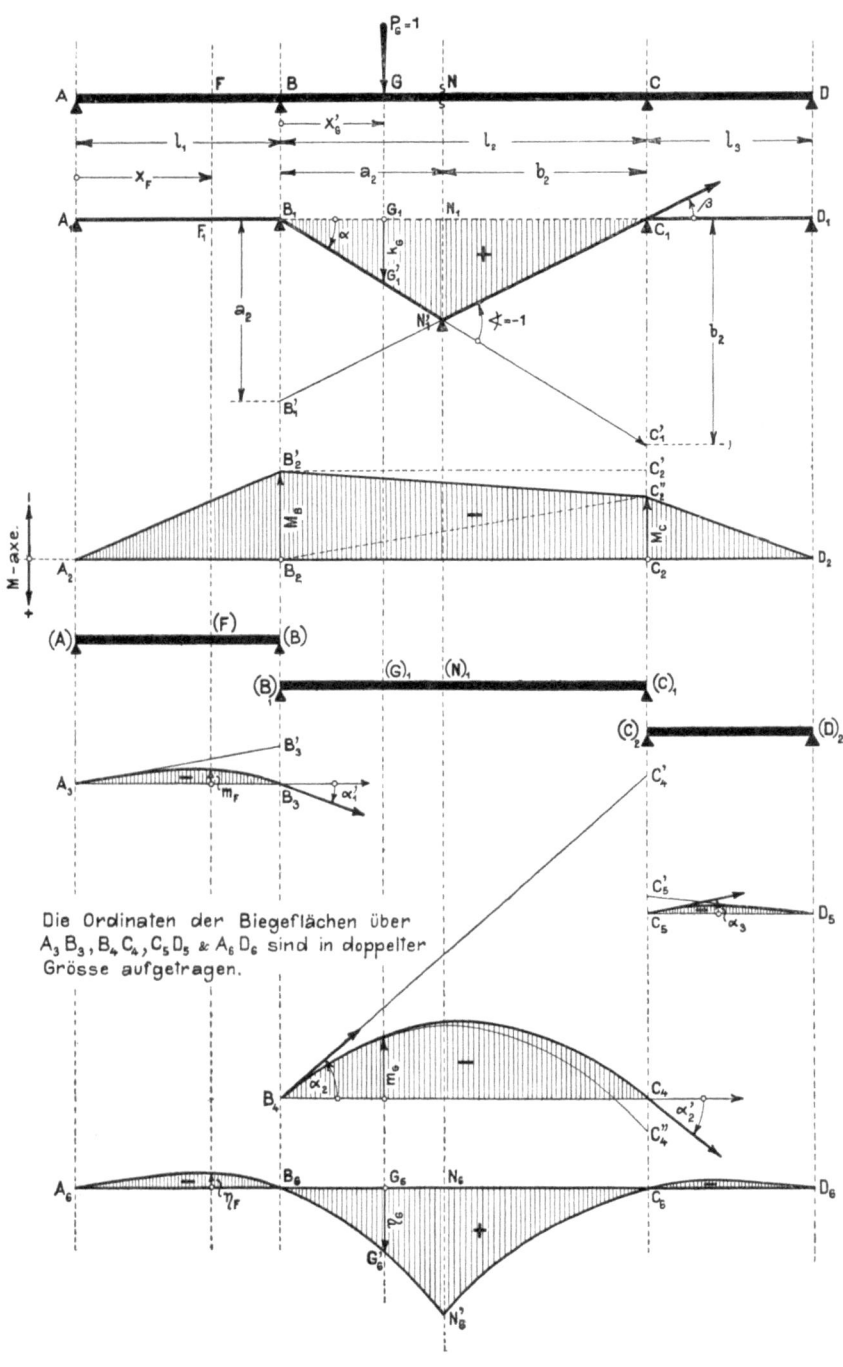

Die Ordinaten der Biegeflächen über A_3B_3, B_4C_4, C_5D_5 & A_6D_6 sind in doppelter Grösse aufgetragen.

Fig. 24.

$$\overline{C_4C_4'} = (B)_1 \, l_2 = \left[\frac{2}{3} \cdot \frac{1}{2} l_2 \frac{M_B}{EJ} + \frac{1}{3} \cdot \frac{1}{2} l_2 \frac{M_C}{EJ}\right] l_2$$

$$\overline{C_4C_4'} = -l_2 \frac{b_2(3l_2 + 4l_3) + a_2(2l_1 + l_2)}{4(l_1 + l_2)(l_2 + l_3) - l_2^2} \quad (105$$

$$\overline{C_4'C_4''} = -\left[l_2 \frac{M_B}{EJ}\right]\frac{l_2}{2}$$
$$= 3\,l_2 \frac{2\,b_2(l_2 + l_3) - a_2 l_2}{4(l_1 + l_2)(l_2 + l_3) - l_2^2} \Bigg\} \quad \ldots (106$$

$$\overline{C_5C_5'} = \left[\frac{1}{2} \cdot l_3 \frac{M_C}{EJ}\right]\frac{l_3}{3}$$
$$= -\frac{l_3^2}{l_2} \cdot \frac{2\,a_2(l_1 + l_2) - b_2 l_2}{4(l_1 + l_2)(l_2 + l_3) - l_2^2} \Bigg\} \quad (107$$

Werden diese Winkel, wie früher in Funktion der beiden Momente M_B und M_C ausgedrückt, so können diese beiden Unbekannten mit Leichtigkeit aus den so entstehenden Gleichungen ersten Grades herausgezogen werden; es ergibt sich also:

$$M_B = -\frac{12\,P\,EJ}{4(l_1+l_2)(l_2+l_3) - l_2^2} \cdot \frac{l_2 + l_3}{l_1} \quad . \; . \; (108)$$

$$M_C = \frac{6\,P\,EJ}{4(l_1+l_2)(l_2+l_3) - l_2^2} \cdot \frac{l_2}{l_1} \quad . \; . \; (109)$$

Mit Hilfe dieser beiden Formeln werden die Grundlinien der Zwickel bestimmt, welche die Biegeflächen A_3B_3 resp. B_4C_4 und C_5D_5 zusammensetzen:

$$\overline{B_3B_3'} = \left[\frac{1}{2} l_1 \frac{M_B}{EJ}\right]\frac{l_1}{3} = -\frac{2\,l_1(l_2+l_3)}{4(l_1+l_2)(l_2+l_3) - l_2^2} P \quad \ldots \ldots (110$$

$$\overline{C_4C_4'} = (B)_1 l_2 = \left[\frac{2}{3} \cdot \frac{1}{2} l_2 \frac{M_B}{EJ} + \frac{1}{3} \cdot \frac{1}{2} l_2 \frac{M_C}{EJ}\right] l_2 = -\frac{l_2^2}{l_1} \frac{4\,l_3 + 3\,l_2}{4(l_1+l_2)(l_2+l_3) - l_2^2} P \ldots (111$$

$$\overline{C_4'C_4''} = -\left[l_2 \frac{M_B}{EJ}\right]\frac{l_2}{2} = \frac{6(l_2+l_3)\frac{l_2^2}{l_1}}{4(l_1+l_2)(l_2+l_3) - l_2^2} P \quad \ldots \ldots (112$$

endlich

$$\overline{C_5C_5'} = \left[\frac{1}{2} l_3 \frac{M_C}{EJ}\right]\frac{l_3}{3} = \frac{l_3^2}{4(l_1+l_2)(l_2+l_3) - l_2^2} \cdot \frac{l_2}{l_1} P \quad \ldots \ldots (113$$

Jede Ordinate der Biegungslinien A_3B_3, B_4C_4 und C_5D_5 läßt sich leicht mit Hilfe dieser Grundlinien bestimmen. Wie früher ist nun die gesuchte Einflußfläche A_6D_6 gleich der algebraischen Summe der Biegeflächen $(A_1B_1N_1'C_1D_1A_1)$ und A_3B_3; B_4C_4 und C_5D_5.

Aufgabe 15.

Bestimmung der Einflußfläche für den Auflagerdruck A des Balkens auf vier Stützen ABCD (Fig. 25).

Es wird ein ähnliches Verfahren wie in der Aufgabe 10 angewendet.

Das Auflager A wird um die Größe $P = 1$ gesenkt, nachdem in A und B Gelenke gedacht worden sind. Dadurch werden die Auflagerbedingungen verletzt. Es müssen also Biegungsmomente im Balken auftreten, welche durch die Fläche A_2D_2 dargestellt werden. Die beiden maßgebenden Ordinaten M_B und M_C dieser Fläche berechnen sich mit Hilfe der folgenden Gleichungen, welche den stetigen Verlauf der elastischen Linie A_6D_6 über die Auflager B_6 und C_6 analytisch ausdrücken:

$$\alpha_1' + \beta = \alpha_2$$

und

$$\alpha_2' = \alpha_3$$

Diese Grundlinien genügen zur Bestimmung der Ordinaten der Biegeflächen A_3B_3; B_4C_4 und C_5D_5.

Die gesuchte Einflußfläche A_6D_6 ist gleich der algebraischen Summe der Einflußflächen $(A_1A_1'B_1A_1)$ und A_3B_3; B_4C_4 und C_5D_5.

Aufgabe 16.

Bestimmung der Einflußfläche für den Auflagerdruck B des Balkens auf vier Stützen ABCD (Fig. 26).

In den Achspunkten A, B und C werden reibungslose Gelenke gedacht und die Stütze B um die Strecke $P = 1$ gesenkt.

Dadurch werden die Balkenquerschnitte über den Stützen B und C um je einen Winkel $(\beta - \alpha)$ und β geknickt. Die Auflagerbedingungen sind somit verletzt. Um sie zu erfüllen, müssen Biegungsmomente am Balken angreifen, welche durch die Fläche A_2D_2 dargestellt werden.

Die maßgebenden Ordinaten M_B und M_C dieser Fläche lassen sich aus folgenden Bedingungsgleichungen, welche den stetigen Verlauf der elastischen Linie $A_6B_6'C_6D_6$ über den Auflagern B und C charakterisieren, bestimmen:

$$\alpha + \alpha_1' = \alpha_2 + \beta,$$

$$\alpha_2' + \beta = \alpha_3.$$

— 31 —

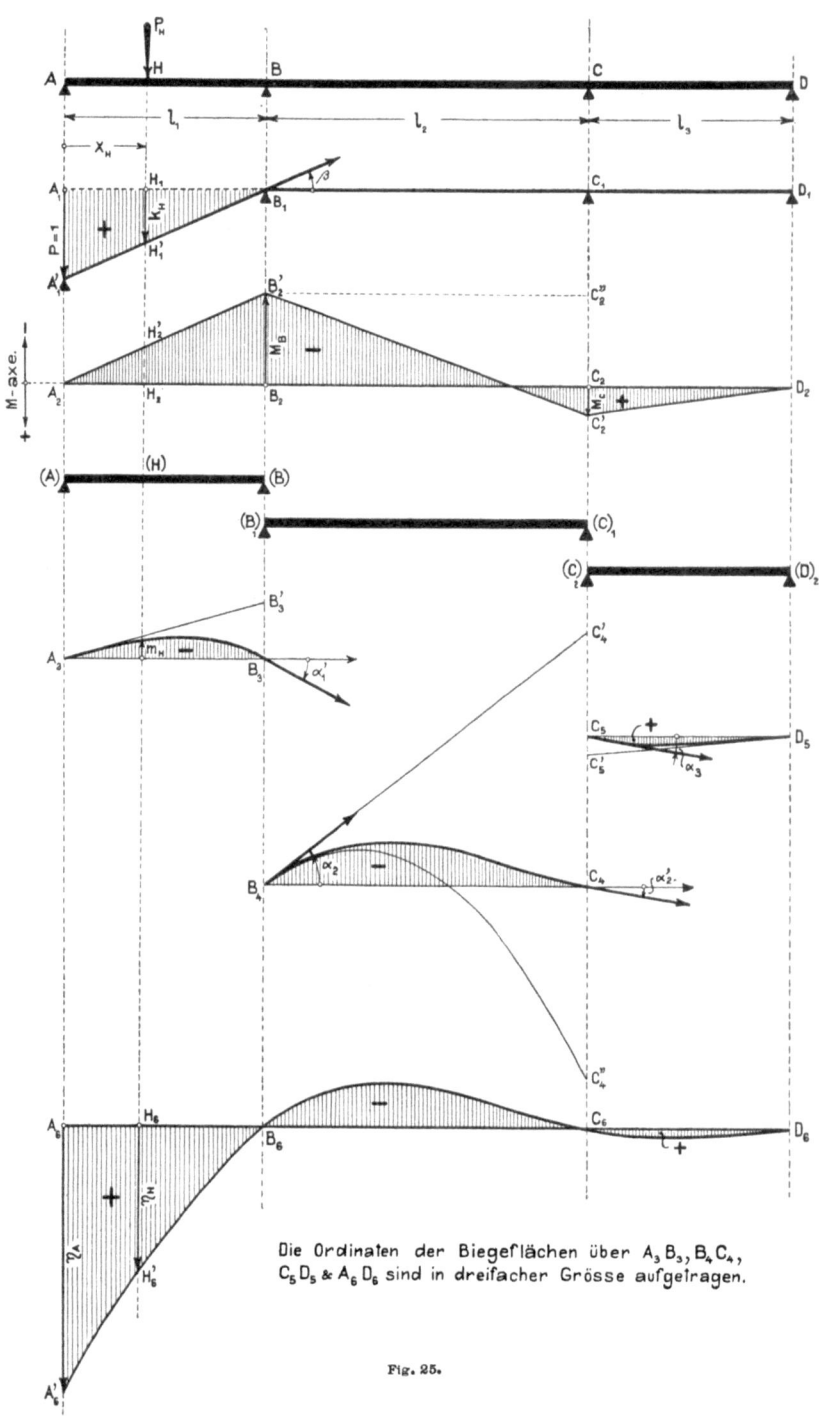

Die Ordinaten der Biegeflächen über A_3B_3, B_4C_4, C_5D_5 & A_6D_6 sind in dreifacher Grösse aufgetragen.

Fig. 25.

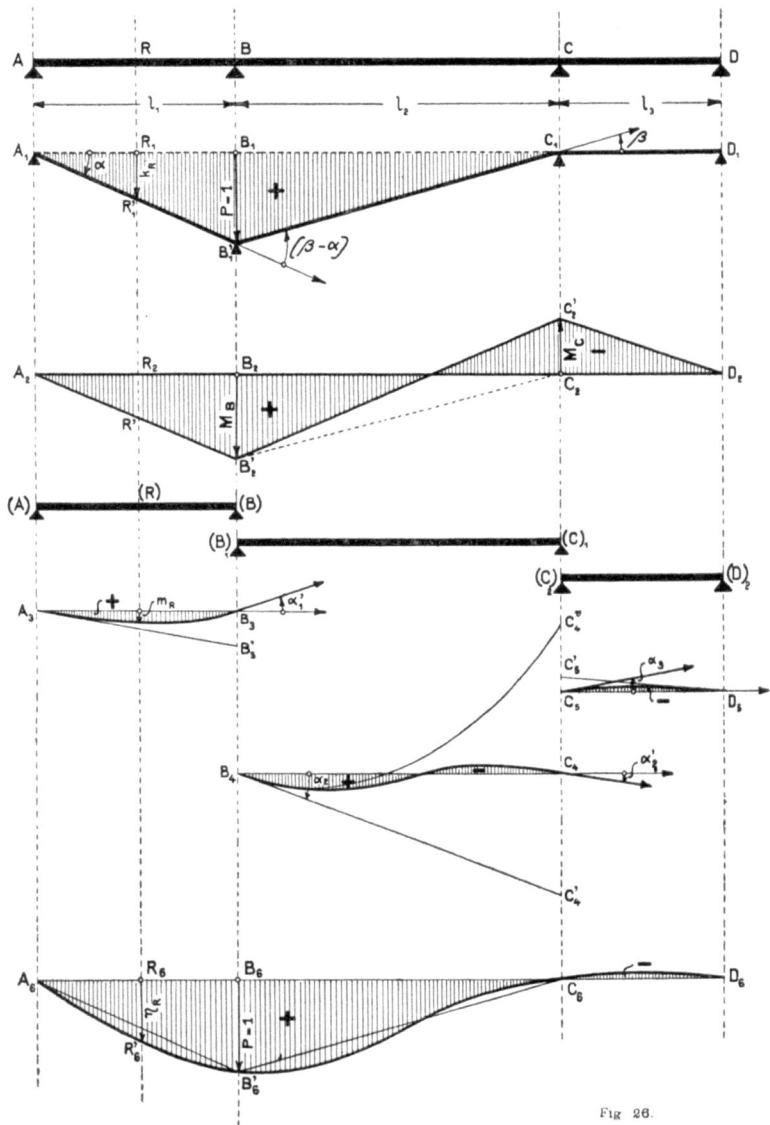

Fig 26.

Immerhin müssen diese Winkel zuerst in Funktion von M_B und M_C ausgedrückt werden. Auf diese Weise ergeben sich folgende Ausdrücke:

$$M_B = \frac{6\,E\,J}{l_1\,l_2} \cdot \frac{2\,(l_1+l_2)\,(l_2+l_3)+l_1\,l_2}{4\,(l_1+l_2)\,(l_2+l_3)-l_2^2}\,P \quad (114$$

$$M_C = -\frac{6\,E\,J}{l_1\,l_2} \cdot \frac{(2\,l_1+l_2)\,(l_1+l_2)}{4\,(l_1+l_2)\,(l_2+l_3)-l_2^2}\,P \quad (115$$

Diese Werte genügen zur Bestimmung der Grundlinien aller Normalzwickel, welche die drei Biegeflächen A_3B_3, B_4C_4 und C_5D_5 zusammensetzen; es ist:

$$\overline{B_3B_3'} = \left[\frac{1}{2}\,l_1\frac{M_B}{E\,J}\right]\frac{l_1}{3} = \frac{l_1}{l_2} \cdot \frac{2\,(l_1+l_2)\,(l_2+l_3)+l_1\,l_2}{4\,(l_1+l_2)\,(l_2+l_3)-l_2^2}\,P$$

ferner
$$\overline{C_4C_4'} = (B)_1 \, l_2 = \left[\frac{2}{3} \cdot \frac{1}{2} l_2 \frac{M_B}{EJ} + \frac{1}{3} \cdot \frac{1}{2} l_3 \frac{M_C}{EJ}\right] l_2$$

$$\overline{C_4C_4'} = \frac{l_2}{l_1} \cdot \frac{(l_1+l_2)(-2l_1+3l_2+4l_3)}{4(l_1+l_2)(l_2+l_3)-l_2^2} P \quad \ldots \quad (117$$

$$\overline{C_4C_4''} = -\left[l_2 \frac{M_B}{EJ}\right] \cdot \frac{l_2}{2} = -3 \frac{l_2}{l_1} \cdot \frac{2(l_1+l_2)(l_2+l_3)+l_1 l_2}{4(l_1+l_2)(l_2+l_3)-l_2^2} P \quad \ldots \quad (118$$

endlich
$$\overline{C_5C_5'} = \left[\frac{1}{2} l_3 \cdot \frac{M_C}{EJ}\right] \frac{l_3}{3} = -\frac{l_3^2}{l_1 l_2} \cdot \frac{(2l_1+l_2)(l_1+l_2)}{4(l_1+l_2)(l_2+l_3)-l_2^2} P \quad \ldots \quad (119$$

Die Ordinaten der Biegelinien A_3B_3; B_4C_4 und C_5D_5 sind mit Hilfe dieser Grundlinien leicht zu bestimmen. Die gesuchte Einflußfläche A_6D_6 läßt sich wieder als algebraische Summe der Biegeflächen $(A_1B_1'C_1A_1)$ und A_2B_3, B_4C_4 und C_5D_5 deuten:

So ist z. B.
$$\eta_R = k_R + m_R.$$

§ 11. Der gelenklose Balken auf beliebig vielen frei drehbaren Stützen.

§§ 1. Die Kontinuitätsgleichung.

$(r-1)$, r und $(r+1)$ (Fig. 27) seien drei aufeinanderfolgende Stützen eines beliebigen, „den üblichen Voraussetzungen" (vgl. Seite 5) entsprechenden kontinuierlichen Balkens.

Die Neigungen φ_r' und $q_{(r+1)}$ der einfachen Formänderungskurven [10]) der Abschnitte l_r und l_{r+1} seien bekannt unter der Annahme starrer Stützen und der Aufhebung der Kontinuität über denselben.

Der Satz v. d. N. d. e. L. gibt nun auf einfache Weise eine Beziehung zwischen den drei Stützen-Momenten M_{r-1}, M_r und M_{r+1}, welche durch die Kontinuität und die Stützensenkungen in den deformierten Abschnitten l_r und $l_{(r+1)}$ erzeugt werden. Die „absolute Neigung" (= Neigung gegen die Horizontale) der Kurve $(r-1)_1 \, r_1$ im Punkte r_1 kann als Summe dreier Neigungen gedacht werden:

$$\alpha_r' = \varphi_r' + \mu_r' + \sigma_r \quad \ldots \quad (120$$

φ_r' ist die Neigung der „einfachen Formänderungskurve $\overline{(r-1)_0 (r_0)}$ im Punkte r_0.

μ_r' ist die Neigung der einfachen Biegungslinie [11]), welche der Momentenfläche $\overline{M_{(r-1)} M_r}$ entspricht.

σ_r ist die Neigung der Sehne der Formänderungskurve $\overline{(r-1)_1 \, r_1}$.

Die beiden letzten Neigungen werden durch folgende Formeln bestimmt:

$$\mu_r' = -\frac{1}{EJ_r}\left[\frac{1}{3} \cdot \frac{1}{2} l_r M_{r-1} + \frac{2}{3} \cdot \frac{1}{2} l_r M_r\right]$$

oder

$$\mu_r' = -\frac{l_r}{EJ_r}\left[\frac{1}{6} M_{(r-1)} + \frac{1}{3} M_r\right] \quad . \quad (121$$

und

$$\sigma_r = \frac{e_r - e_{(r-1)}}{l_r} \quad \ldots \quad (122$$

Die „absolute Neigung" der Kurve $r_1 (r+1)_1$ im Punkte r_1 kann in ähnlicher Weise durch folgenden Ausdruck dargestellt werden:

$$\alpha_{r+1} = q_{r+1} + \mu_{r+1} + \sigma_{r+1} \quad \ldots \quad (123$$

Die Bedeutung der obigen Zeichen ist ohne weiteres klar. μ_{r+1} und σ_{r+1} können durch folgende Formeln bestimmt werden:

$$\mu_{r+1} = \frac{1}{EJ_{r+1}}\left[\frac{2}{3} \cdot \frac{1}{2} l_{r+1} M_r + \frac{1}{3} \cdot \frac{1}{2} l_r M_{r+1}\right]$$

oder

$$\mu_{r+1} = \frac{l_{r+1}}{EJ_{r+1}}\left[\frac{1}{3} M_r + \frac{1}{6} M_{r+1}\right] \quad . \quad (124$$

und

$$\sigma_{r+1} = \frac{e_{r+1} - e_r}{l_{r+1}} \quad \ldots \quad (125$$

---

[10]) „Formänderungskurve" heißt diejenige Kurve in welche die ursprünglich gerade Balkenachse sich verwandelt unter den äußeren wirklichen oder gedachten Einflüssen (so z. B. Belastungen, ungleichmäßige Erwärmung, wirkliche der gedachte Stützensenkungen usw.) und „einfache Formänderungskurve" heißt eine Formänderungskurve bei vorheriger Aufhebung der Kontinuität

[11]) „Einfache Biegungslinie" = Biegungslinie des Abschnittes l_r bei Annahme starrer Stützen und Aufhebung der Kontinuität über denselben.

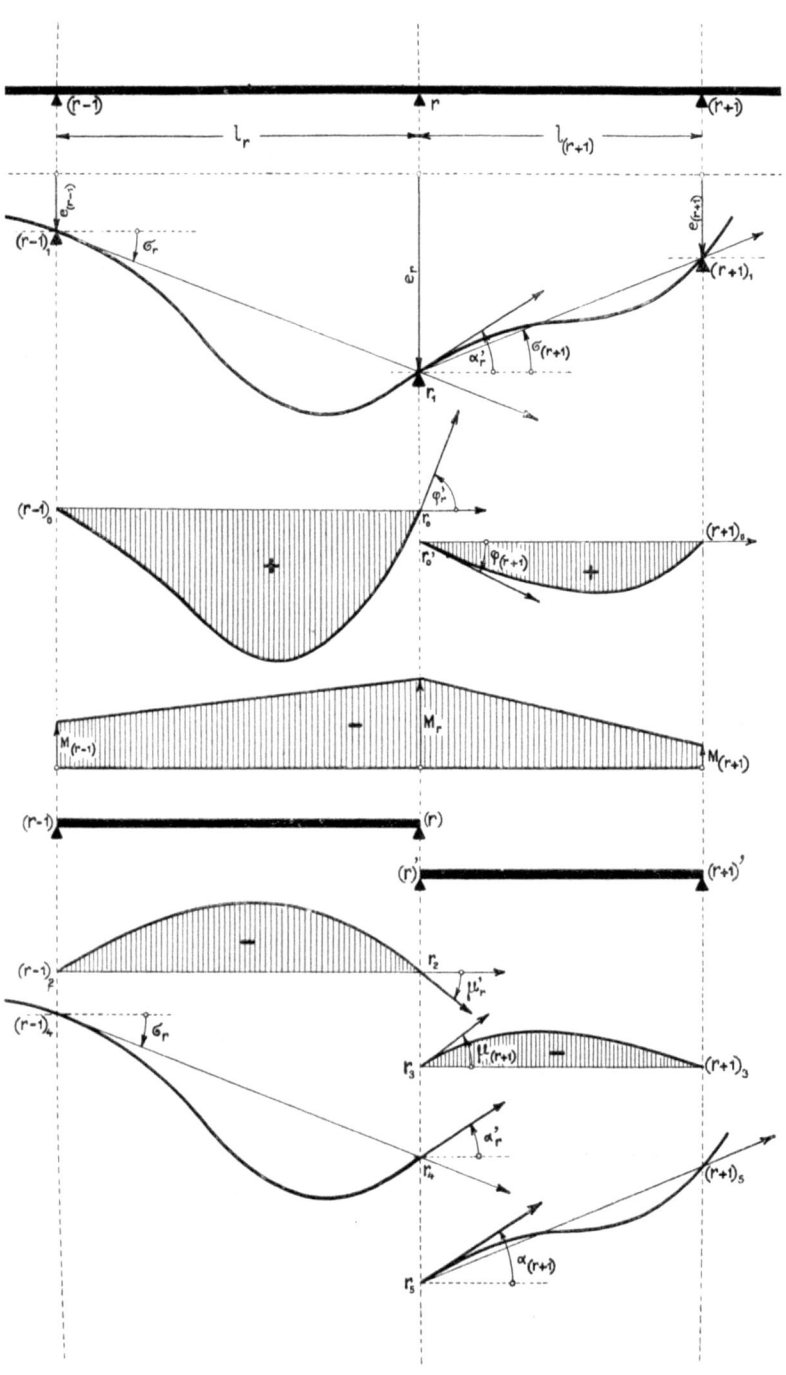

Fig. 27

— 35 —

Die Kontinuität des Balkens über der Stütze r erfordert nun die Gleichheit der beiden Neigungen α_r' und α_{r+1}, d. h,
$$\alpha_r' = \alpha_{r+1}$$
oder
$$\varphi_r' + \mu_r' + \sigma_r = \varphi_{r+1} + \mu_{r+1} + \sigma_{r+1}$$
oder durch Einsetzen der Werte (121), (122), (124) und (125)

Dies ist die „Kontinuitätsgleichung", welche sowohl die „Clapeyronsche" als die „Verallgemeinerte Clapeyronsche Gleichung" als Spezialfälle enthält. Sie dient als Grundgleichung zur Untersuchung des gelenklosen Balkens auf freidrehbaren Stützen, und zwar sowohl zur Bestimmung der Biegungsmomente, welche einem beliebigen äußeren Einflusse (z. B. Belastungen, ungleichmäßige Erwärmungen, Stützensenkungen

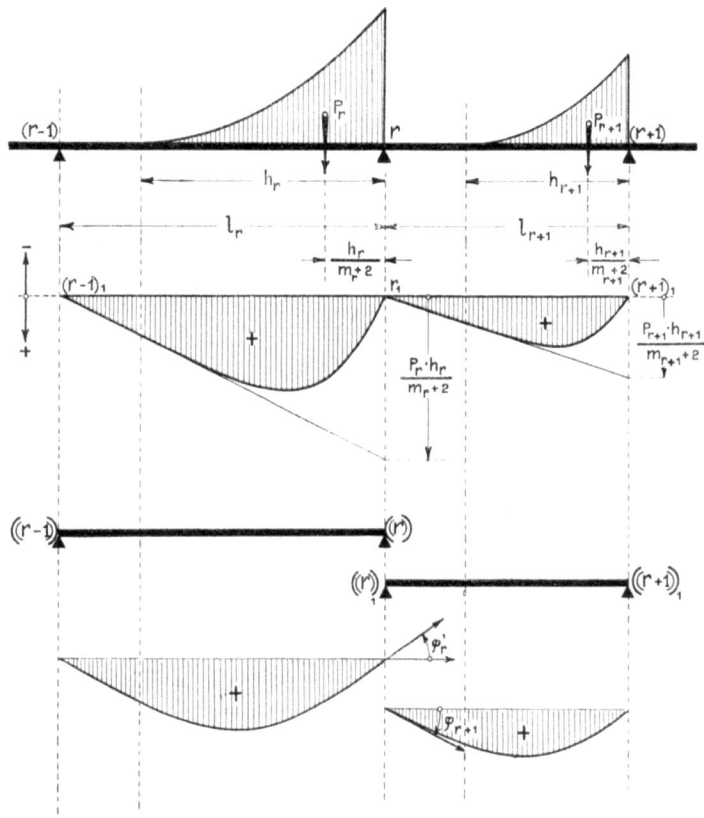

Fig. 28.

$$\varphi_r' = \frac{l_r}{E\,J_r}\left[\frac{1}{6}M_{r-1} + \frac{1}{3}\,M_r\right] + \frac{e_r - e_{r-1}}{l_r}$$
$$= \varphi_{r+1} + \frac{l_{r+1}}{E\,J_{r+1}}\left[\frac{1}{3}M_r + \frac{1}{6}\,M_{r+1}\right] + \frac{e_{r+1} - e_r}{l_{r+1}}$$

Diese Formel kann auch, wie folgt, geschrieben werden:

$$\left.\begin{array}{l}\dfrac{l_r}{J_r}M_{r-1} + 2\left[\dfrac{l_r}{J_r} + \dfrac{l_{r+1}}{J_{r+1}}\right]M_r + \dfrac{l_{r+1}}{J_{r+1}}M_{r+1} \\[4pt] = 6\,E\left[(\varphi_r' - \varphi_{r+1}) + \left(\dfrac{e_r - e_{r-1}}{l_r} - \dfrac{e_{r+1} - e_r}{l_{r+1}}\right)\right]\end{array}\right\}(126)$$

usw.) entsprechen, als zur Bestimmung der Einflußlinien für die Biegungsmomente, Auflagerdrücke und Querkräfte.

§§ 2. Die mit Hilfe des Zwickelverfahrens „verallgemeinerte Clapeyronsche Gleichung".

In der „Kontinuitätsgleichung" (126) werden die beiden Trägheitsmomente J_r und J_{r+1} durch das konstante Trägheitsmoment J ersetzt. Ferner werden die beiden Neigungen φ_r' und φ_{r+1}, welche den „einfachen Formänderungskurven" entsprechen, aus der Figur 28 berechnet zu

3*

$$\varphi_r' = -\frac{1}{EJ}\left[\frac{2}{3}\cdot\frac{1}{2}\,l_r\,\frac{P_r h_r}{m_r+2}\right.$$
$$\left. -\frac{1}{m_r+3}\,h_r\,\frac{P_r h_r}{m_r+2}\cdot\frac{l_r - \frac{h_r}{m_r+4}}{l_r}\right]$$

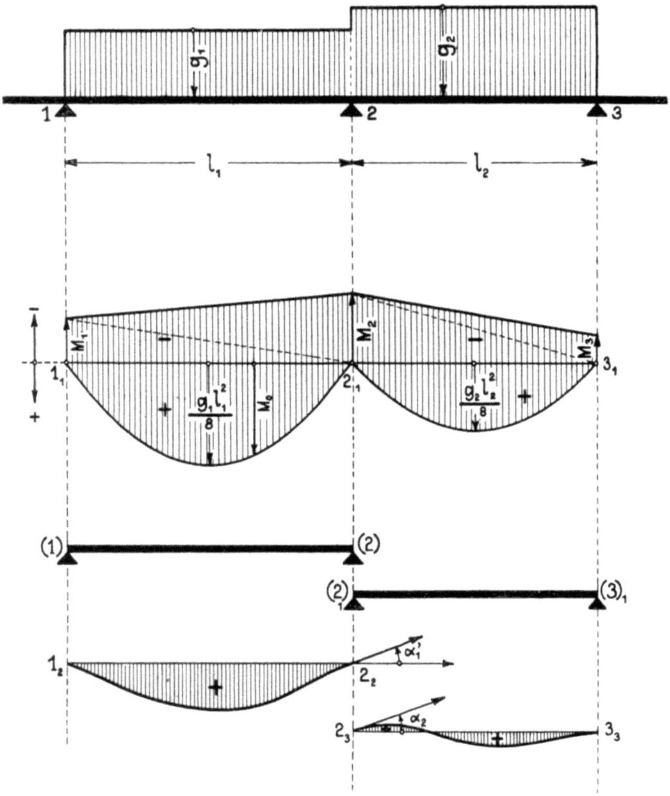

sche Gleichung", welche hier nicht ausgeschrieben zu werden braucht.

§§ 3. Die „Clapeyronsche Gleichung"[12].

Diese Gleichung ist ein Spezialfall der Kontinuitätsgleichung (126), könnte also aus dieser abgeleitet werden.

In Anbetracht der großen praktischen Bedeutung der Clapeyronschen Gleichung sei hier eine einfache, direkte Ableitung gegeben:

Die beiden anstoßenden Öffnungen l_1 und l_2 (Fig. 29) eines gelenklosen, prismatischen Balkens auf beliebig vielen starren Stützen seien mit g_1 und g_2 pro lfdm. gleichmäßig belastet.

Die entstehende Momentenfläche ist in $\overline{1,3_1}$ angegeben.

Nach dem Satze v. d. N. d. e. L. betragen die Neigungen im Punkte 2 der elastischen Linie der Abschnitte l_1 und l_2 des kontinuierlichen Balkens (Fig. 29):

$$\alpha_1' = -\frac{1}{EJ}\left[\frac{1}{2}\left(\frac{2}{3}\,l_1\,\frac{g_1 l_1^2}{8}\right)\right.$$
$$\left. +\frac{1}{3}\left(\frac{1}{2}\,l_1 M_1\right) + \frac{2}{3}\left(\frac{1}{2}\,l_1 M_2\right)\right]$$

und

$$\alpha_2 = \frac{1}{EJ}\left[\frac{1}{2}\left(\frac{2}{3}\,l_2\,\frac{g_2 l_2^2}{8}\right)\right.$$
$$\left. +\frac{2}{3}\left(\frac{1}{2}\,l_2 M_2\right) + \frac{1}{3}\left(\frac{1}{2}\,l_2 M_3\right)\right]$$

Die Kontinuität verlangt aber die Gleichheit dieser beiden Neigungen, d. h.

$$\alpha_2 = \alpha_1'.$$

Fig. 29.

oder

Hieraus entsteht

$$\varphi_r' = -\frac{l_r}{EJ}\cdot\frac{P_r h_r}{m_r+2}\times$$
$$\times\left[\frac{1}{3} - \frac{1}{m_r+3}\cdot\frac{h_r}{l_r}\cdot\frac{l_r - \frac{h_r}{m_r+4}}{l_r}\right]\Bigg\} \quad . . (127$$

und

$$\varphi_{r+1} = \frac{l_{r+1}}{EJ}\cdot\frac{P_{r+1} h_{r+1}}{m_{r+1}+2}\times$$
$$\times\left[\frac{1}{6} - \frac{1}{m_{r+1}+3}\cdot\frac{1}{m_{r+1}+4}\cdot\left(\frac{h_{r+1}}{l_{r+1}}\right)^2\right]\Bigg\} \quad (128$$

und ebenfalls in die Formel (126) eingesetzt.

Auf diese Weise entsteht die mit Hilfe des Zwickelverfahrens „verallgemeinerte Clapeyron-

$$l_1 M_1 + 2(l_1+l_2) M_2 + l_2 M_3$$
$$= -\frac{1}{4}(g_1 l_1^3 + g_2 l_2^3) \Bigg\} \quad . . (129$$

Die Gleichung (129) ist unter dem Namen „Clapeyronsche Gleichung" bekannt, weil Clapeyron sie zum ersten Male und zwar im Jahre 1857 angewendet hat. Vgl. „Calcul d'une poutre sur des appuis inégalement espacés" in „Comptes rendus de la Société des Ingénieurs civils 1857."

---

[12] Diese Gleichung, welche ebenfalls unter dem Namen „Dreimomentengleichung" bekannt ist, wurde zuerst von dem Ingenieur Bertot in den „Comptes rendus de la Société des Ingénieurs civils" im Jahre 1855 auf Seite 273 veröffentlicht.

§§ 4. Die „Dreimomentengleichung" für verteilte dreieckförmige Belastung.

Der Flächeninhalt der M_0-Flächen läßt sich durch Anwendung des Zwickelverfahrens, wie folgt, bestimmen (vgl. Fig. 30):

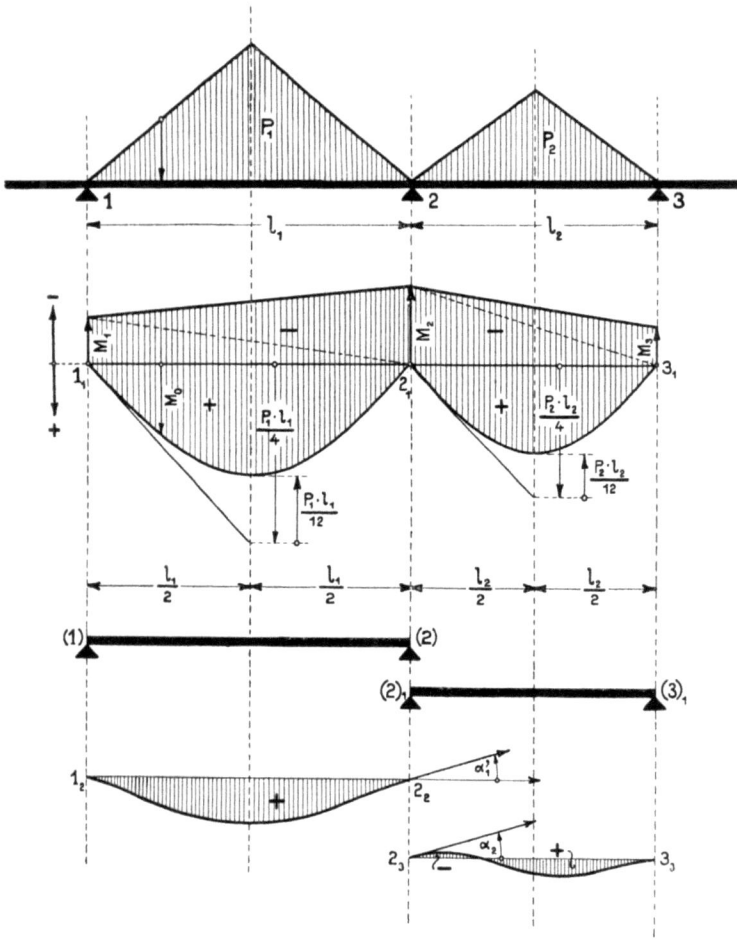

Fig. 30.

$$(F_0)_1 = 2\left[\frac{1}{2} \cdot \frac{l_1}{2} \cdot \frac{P_1 l_1}{4} - \frac{1}{4} \cdot \frac{l_1}{2} \cdot \frac{P_1 l_1}{12}\right]$$

oder

$$(F_0)_1 = \frac{5}{48} P_1 l_1^2 \quad \ldots \ldots (130)$$

und

$$(F_0)_2 = \frac{5}{48} P_2 l_2^2.$$

Die Neigung im Punkte 2 der elastischen Linie der Abschnitte l_1 und l_2 des kontinuierlichen Balkens (Fig. 30) beträgt

$$\alpha_1' = -\frac{1}{EJ}\left[\frac{1}{2}\left(\frac{5}{48} P_1 l_1^2\right) + \frac{1}{3}\left(\frac{1}{2} l_1 M_1\right) + \frac{2}{3}\left(\frac{1}{2} l_1 M_2\right)\right]$$

resp.

$$\alpha_2 = \frac{1}{EJ}\left[\frac{1}{2}\left(\frac{5}{48} P_2 l_2^2\right) + \frac{2}{3}\left(\frac{1}{2} l_2 M_2\right) + \frac{1}{3}\left(\frac{1}{2} l_2 M_3\right)\right]$$

Die Kontinuität verlangt die Gleichheit dieser beiden Winkel, also:

$$\alpha_2 = \alpha_1'.$$

Hieraus ergibt sich:

$$\left.\begin{array}{l} l_1 M_1 + 2(l_1+l_2) M_2 + l_2 M_3 \\ \quad = -\dfrac{5}{16}(P_1 l_1^2 + P_2 l_2^2) \end{array}\right\} \ldots (131$$

§§ 5. Bestimmung der Einflußfläche für einen Auflagerdruck eines gelenklosen prismatischen Balkens auf beliebig vielen starren Stützen (Fig. 31).

Nach dem zweiten Satze von Robert Land kann diese Einflußfläche als Biegefläche aufgefaßt werden, und zwar als diejenige, welche durch eine Senkung von der Größe $P = 1$ der in Betracht kommenden Stützen des unbelasteten Balkens entsteht.

Die Kontinuitätsgleichung (126), auf alle Zwischenstützen angewendet, ergibt die $(n-2)$ lineare Gleichungen. Diejenigen, welche von den Stützen links von 1 und rechts von 3 geliefert werden, haben folgende Form:

$$l_p M_{p-1} + 2(l_p + l_{p+1}) M_p + l_{p+1} M_{p+1} = 0 \quad (132$$

und diejenigen, welche die Stützen 1, 2 und 3 liefern, folgende:

$$l_1 M_0 + 2(l_1 + l_2) M_1 + l_2 M_2 = -\frac{6 P E J}{l_2} \quad .. (133$$

$$l_2 M_1 + 2(l_2 + l_3) M_2 + l_3 M_3$$
$$= + 6 P \left(\frac{1}{l_2} + \frac{1}{l_3} \right) E J \quad .. (134$$

$$l_3 M_2 + 2(l_3 + l_4) M_3 + l_4 M_4 = -\frac{6 P E J}{l_3} \quad .. (135$$

Die Auflösung dieser Gleichungen ergibt die

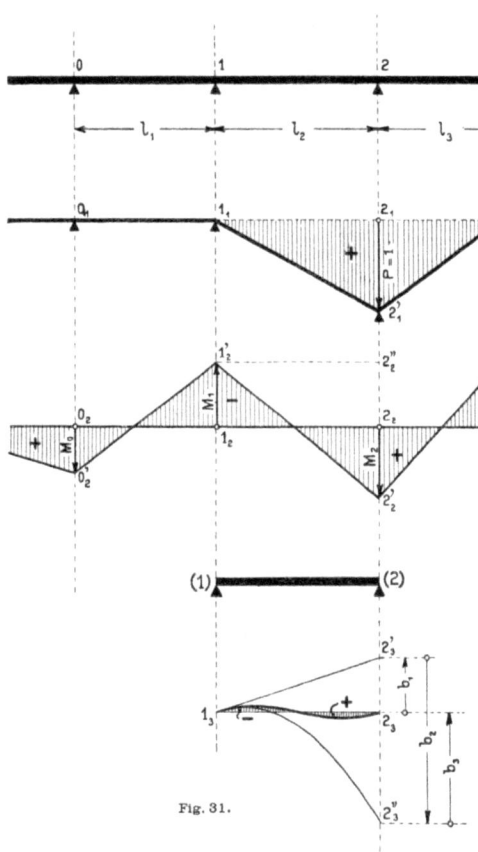

Fig. 31.

maßgebenden Ordinaten der durch die Auflagerbedingungen hervorgerufenen Momentenfläche.

In jeder Zwischenöffnung kann diese Momentenfläche in zwei Normalzwickel zerlegt werden. Einer dieser Zwickel ist immer vom nullten und der andere vom ersten Grade. Die entsprechende Biegefläche kann ebenfalls in Normalzwickel aufgelöst werden. Es entstehen auf diese Weise 3- Normalzwickel, welche vom 1., 2. resp. 3. Grade sind und z. B. für die Öffnung 2 folgende Grundlinien besitzen:

$$b_1 = (1) l_2 = \left[\frac{2}{3} \left(\frac{1}{2} l_2 \frac{M_1}{EJ} \right) + \frac{1}{3} \left(\frac{1}{2} l_2 \frac{M_2}{EJ} \right) \right] l_2$$

oder

$$b_1 = \frac{l_2^2}{EJ} \left[\frac{M_1}{3} + \frac{M_2}{6} \right] \quad . . . . . (136$$

ferner

$$b_2 = - \left[l_2 \frac{M_1}{EJ} \right] \frac{l_2}{2}$$

oder

$$b_2 = -\frac{l_2^2}{EJ} \cdot \frac{M_1}{2} \quad . . . . . . (137$$

endlich $b_3 = \left[\dfrac{1}{2} l_2 \dfrac{M_2 - M_1}{EJ}\right] \dfrac{l_2}{3}$

oder $b_3 = \dfrac{l_2^2}{EJ} \cdot \dfrac{M_2 - M_1}{6}$ . . . . . (138

Die einzelnen Ordinaten lassen sich mit dem Rechenschieber ohne weiteres aus diesen Grundlinien leicht bestimmen.

In den Punkten 1, S und 2 werden reibungslose Gelenke gedacht und die Balkenachse im Punkte S um einen Winkel $(2_1'S_1'2_1) = -1$ geknickt.

Dadurch werden die Auflagerbedingungen verletzt, denn die Balkenachse läuft nicht mehr kontinuierlich über den Stützen 1 und 2, sondern sie ist daselbst um den Winkel α resp. β geknickt.

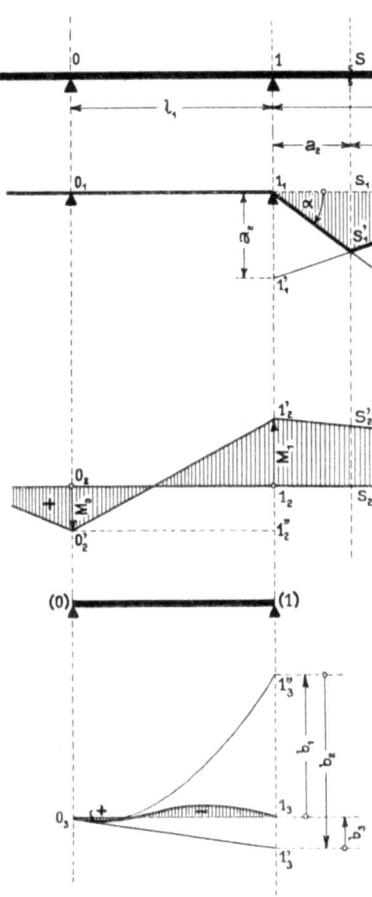

Fig. 32.

§§ 6. Bestimmung der Einflußfläche für die Biegungsmomente in einem beliebigen Schnitte S eines prismatischen Balkens auf mehreren starren Stützen (Fig. 32).

Es wird die gleiche Methode angewendet wie in den Aufgaben 5, 7, 9, 13 und 14.

Die erhaltenen Biegungsflächen sind gleichzeitig als Einflußflächen für den Auflagerdruck 2 in allen Öffnungen links von 1 und rechts von 3 zu betrachten. Für die beiden angrenzenden Öffnungen l_2 und l_3 müssen sie zuerst zu der Fläche $(1_2 2_1 3_1)$ algebraisch addiert werden, um die gesuchte Einflußlinie zu bekommen.

Es müssen also wieder Biegungsmomente im Balken auftreten, welche durch die Fläche über $(0_2 1_2 2_2 3_2 \ldots)$ dargestellt werden können.

Wird die Kontinuitätsgleichung (126) auf alle Zwischenstützen angewendet, so erhalten wir Gleichungen folgender Form für alle Stützen links von 1 und rechts von 2:

$l_p M_{p-1} + 2(l_p + l_{p+1}) M_p + l_{p+1} M_{p+1} = 0$ . . (139

und folgende Gleichungen für die beiden Stützen 1 und 2:

$l_1 M_0 + 2(l_1 + l_2) M_1 + l_2 M_2 = -6 EJ \dfrac{a_2'}{l_2}$ . . . (140

und

$l_2 M_1 + 2(l_2 + l_3) M_2 + l_3 M_3 = -6 EJ \dfrac{a_2}{l_2}$ . . . (141

Die Auflösung dieser Gleichungen ergibt die maßgebenden Ordinaten der Momentenfläche über $(\ldots 0_2, 1_2, 2_2, 3_2 \ldots)$. Wie in §§ 5 können die Momentenflächen der einzelnen Öffnungen und die entsprechenden Biegungsflächen in Normalzwickel vom nullten bis zum 3. Grade aufgelöst werden. Die Grundlinien der Zwickel, welche die Biegungsflächen zusammensetzen, sind durch die Formeln (136), (137) u. (138) ausgedrückt.

Die Berechnung der einzelnen Ordinaten geschieht am einfachsten mit unserem Rechenschieber.

Für alle Öffnungen links von 1 und rechts von 2 bilden nun diese Biegungsflächen zugleich die Einflußflächen für das Biegungsmoment im Schnitte S der Öffnung l_2.

In dieser Öffnung muß zu der Biegungsfläche noch die Fläche $(1_1 S_1' 2_1 1_1)$ algebraisch addiert werden, um die gesuchte Einflußfläche zu erhalten.

Aus den beiden §§ 5 und §§ 6 geht die praktische Bedeutung der Kontinuitätsgleichung hervor: sie bildet also nicht nur wie z. B. die verallgemeinerte Clapeyronsche Gleichung die Grundlage zur Bestimmung der Momentenfläche eines kontinuierlichen Balkens, für einen bestimmten Belastungsfall, sondern sie ermöglicht eine rasche Bestimmung sämtlicher Einflußlinien, welche zur Untersuchung eines solchen Trägers erforderlich sind.

§ 12. Der dreiseitige Rahmen mit Fußgelenken.

Aufgabe 17.

Bestimmung des Horizontalschubes H des dreiseitigen Rahmens mit Fußgelenken ABCD, (Fig. 33), wenn der Querbalken durch den Normalzwickel m ten Grades P belastet wird.

Die Last P wird eine horizontale Verschiebung der Eckpunkte C und D nach C' und D' verursachen. Dadurch wird sich die Sehne der elastischen Linie der Pfosten $\overline{AC}$ und $\overline{BD}$ um einen Winkel ω resp. $\omega + d\omega$ um A resp. B drehen. Die Rahmenwinkel bei C und D, welche rechtwinklig sind, behalten ihre Größe bei während der ganzen Formänderung des Rahmens. Hieraus folgt, daß der Winkel, welchen die Tangente im Punkte D' an die elastische Linie des Querriegels $\overline{CD}$ mit der Tangente an derselben Linie in C' bildet, gleich ist dem Winkel, welcher die Tangente in D' an die elastische Linie des Ständers $\overline{BD}$ mit der Tangente im Punkte C' an die elastische Linie des Ständers $\overline{AC}$ bildet:

Dieses kann durch Anwendung des Satzes v. d. N. d. e. L. folgendermaßen geschrieben werden:

$$(Q)_{D_1} - (Q)_{C_1} = \{(Q)_D + \omega + d\omega\} - \{(Q)_C + \omega\} \quad (142)$$

Der Winkel ω verschwindet aus dieser Gleichung. Der Winkel $d\omega$ rührt von der Zusammendrückung des Riegels $\overline{CD}$ her und kann durch folgende Formel ausgedrückt werden:

$$d\omega = \frac{\Delta l}{h} = \frac{-\left(\frac{Hl}{EF}\right)}{h}.$$

Die „zweite Querkraft" $(Q)_{D_1}$ ist gleich:

$$(Q)_{D_1} = (Q)_{C_1} - \left\{ \begin{array}{c} \text{verzerrte Momentenfläche} \\ \text{von CD} \end{array} \right\}.$$

Hieraus berechnet sich die Differenz:

$$(Q)_{D_1} - (Q)_{C_1} = -\frac{1}{EJ}\left[\frac{1}{2} l \frac{Pb}{m+2} - \frac{1}{m+3} b \frac{Pb}{m+2} - lHh\right]$$

Es ist ferner:

$$(Q)_D = -\frac{1}{EJ_h}\left[\frac{2}{3} \cdot \left(\frac{1}{2} h H h\right)\right]$$

$$(Q)_C = -\frac{1}{EJ_h}\left[-\frac{2}{3} \cdot \left(\frac{1}{2} h H h\right)\right].$$

Die Werte werden in der Gl. (142) eingesetzt, und diese nach H aufgelöst:

$$H = \frac{\left(\frac{1}{2} - \frac{b}{m+3}\right)}{h l \left(1 + \frac{2}{3} \cdot \frac{h}{l} \cdot \frac{J}{J_h} + \frac{J}{F h^2}\right)} \cdot \frac{Pb}{(m+2)} \quad (144)$$

Spezialfälle.

Der Horizontalschub H des Rahmens mit Fußgelenken ABCD (Fig. 33) ist für folgende Belastungsfälle zu bestimmen:

1. Belastungsfall: Einzellast P in L.

In der Formel (144) wird m durch -1 ersetzt:

$$H_{-1} = \frac{1}{2} \cdot \frac{Pab}{h l \left(1 + \frac{2}{3} \cdot \frac{h}{l} \cdot \frac{J}{J_h} + \frac{J}{F h^2}\right)} \quad (145)$$

2. Belastungsfall: Gleichmäßig über $\overline{LD}$ verteilte Last P.

Es wird $m = 0$ in die Formel (144) eingesetzt:

$$H_0 = \frac{1}{2} \cdot \frac{\left(\frac{1}{2} - \frac{b}{3}\right) P b}{h l \left(1 + \frac{2}{3} \cdot \frac{h}{l} \cdot \frac{J}{J_h} + \frac{J}{F h^2}\right)} \quad (146)$$

3. Belastungsfall: Dreiecklast P über LD (wie z. B. in Fig. 13).

In Formel (144) wird $m = +1$ gemacht:

$$H_{+1} = \frac{1}{6} \cdot \frac{\left(1 - \frac{b}{2}\right) P b}{h l \left(1 + \frac{2}{3} \cdot \frac{h}{l} \cdot \frac{J}{J_h} + \frac{J}{F h^2}\right)} \quad (147$$

4. **Belastungsfall:** Gleichmäßig über $\overline{CD}$ verteilte Last P.

In Formel (146) wird $b = 1$ gemacht.

$$H = \frac{1}{12} \cdot \frac{P l}{h \left(1 + \frac{2}{3} \cdot \frac{h}{l} \cdot \frac{J}{J_h} + \frac{J}{F h^2}\right)} \quad (148$$

5. **Belastungsfall:** Dreiecklast P als Normalzwickel über $\overline{CD}$.

In Formel (147) wird $b = 1$ gemacht.
Resultat wie Formel (148).

6. **Belastungsfall:** Dreiecklast P wie in Fig. 30.

Die Belastungsfläche wird zuerst in 2 Normalzwickel 1. Grades zerlegt und dann wird die Formel (147) angewendet.

Resultat:

$$H = \frac{5}{48} \cdot \frac{P l}{h \left(1 + \frac{2}{3} \cdot \frac{h}{l} \cdot \frac{J}{J_h} + \frac{J}{F h^2}\right)} \quad (149$$

Aufgabe 18.

Bestimmung der Einflußflächen für den Auflagerdruck A des dreiseitigen Rahmens $\overline{ABCD}$ mit Fußgelenken (Fig. 34) und mit Kragarmen $\overline{CK}$ und $\overline{DF}$.

Nach dem 2. Satze von Land genügt es, das Auflager A um eine Größe $A = 1$ zu senken, um die in Fig. 34 b durch Schraffieren angedeuteten Einflußflächen zu erhalten.

Aufgabe 19.

Bestimmung der Einflußflächen für den Horizontalschub H′ des in Fig. 34a dargestellten Rahmens.

Nach dem zweiten Satz von Land wird das Auflager B um $\overline{B_2 B_2'} = 1$ verschoben. Dadurch nimmt der Rahmen die in Fig. 34c skizzierte Form an. Die Unveränderlichkeit der beiden Rahmenwinkel bei C und D erlaubt eine bequeme Berechnung der maßgebenden Ordinate M der durch die Vergrößerung der Sehne $\overline{AB}$ hervorgerufenen Biegungsmomentenflächen.

Die Neigung im Punkte D_2' der elast. Linie des Ständers $\overline{AD}$ gegen die Senkrechte ist

$$\varphi_v' = \frac{\left(\frac{H'}{2}\right)}{h} - \frac{2}{3} \left(\frac{1}{2} h \frac{M}{E J_h}\right)$$

und die Neigung im Punkte D_2' der elast. Linie des Balkens $\overline{CD}$ gegen die Wagerechte ist

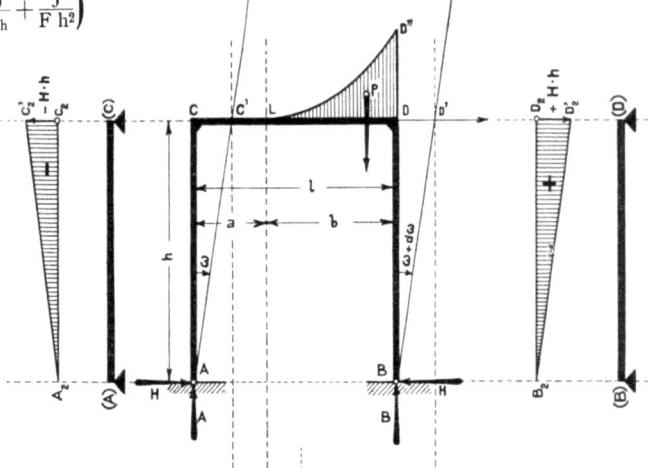

Fig 33.

$$\varphi_h = \frac{1}{2} \left(1 \frac{M}{E J}\right).$$

Da der Rahmenwinkel bei D_2' ein rechter ist, so müssen φ_v' und φ_h einander gleich sein, woraus

$$\frac{\left(\frac{H'}{2}\right)}{h} - \frac{2}{3} \left(\frac{1}{2} h \frac{M}{E J_h}\right) = \frac{1}{2} l \frac{M}{E J}$$

oder

$$M = \frac{H' E J}{h l \left(1 + \frac{2}{3} \cdot \frac{h}{l} \cdot \frac{J}{J_h}\right)}.$$

Hieraus folgt die Größe der zur vollständigen Bestimmung der schraffierten Einflußflächen nötigen Grundlinien:

$$\overline{C_3C_3'} = \left(1\frac{M}{EJ}\right)\frac{l}{2} = \frac{1}{2}\cdot\frac{1}{h}\cdot\frac{H'}{1+\frac{2}{3}\cdot\frac{h}{l}\cdot\frac{J}{J_h}} \quad (150$$

Die Größe der drei maßgebenden Ordinaten M_1', M_2 und M_3' ergibt sich aus folgendem:

Aus Gleichgewichtsgründen ist

$$M_1' + M_3' = M_2 \quad\ldots\ldots \quad (152$$

Aus Kontinuitätsgründen ist

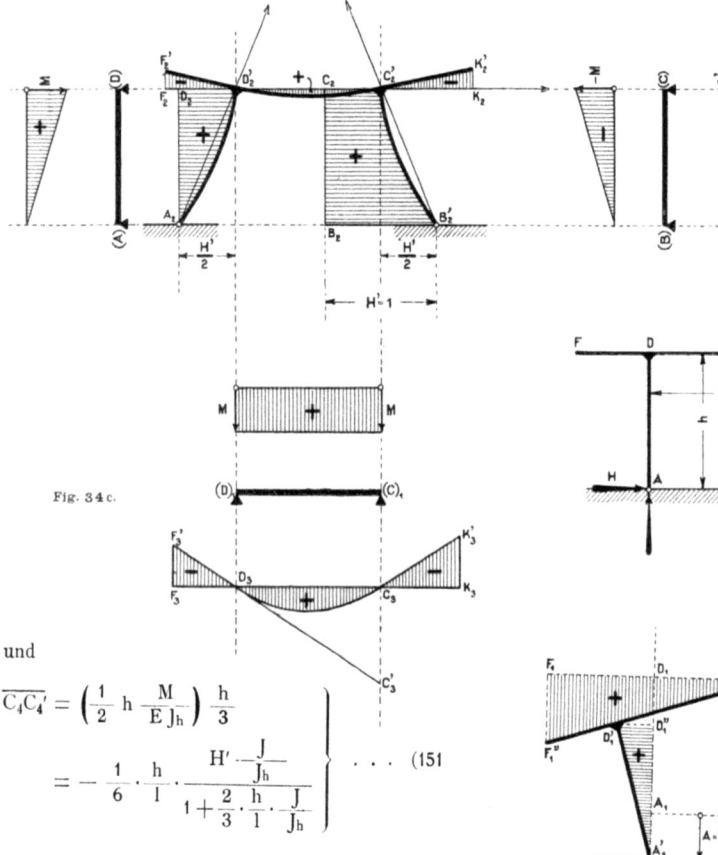

Fig. 34 c.

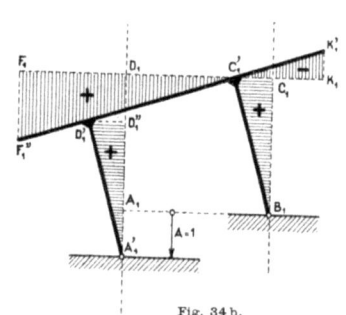

Fig. 34 b.

und

$$\overline{C_4C_4'} = \left(\frac{1}{2}h\frac{M}{EJ_h}\right)\frac{h}{3}$$
$$= -\frac{1}{6}\cdot\frac{h}{l}\cdot\frac{H'\cdot\frac{J}{J_h}}{1+\frac{2}{3}\cdot\frac{h}{l}\cdot\frac{J}{J_h}} \quad\bigg\} \ldots (151$$

§ 13. Der gelenklose Balken auf drei Stützen.
Die Mittelstütze ist eine fest mit ihm verbundene Säule mit Fußgelenk.

Aufgabe 20.

Bestimmung der Momentenfläche des in Fig. 35 dargestellten Trägers beim Belasten der ersten Öffnung durch den Normalzwickel m_1 ten Grades P_1.

Die Form der Momentenfläche und ihre Zerlegung in Normalzwickel ist in der Fig. 35 angegeben.

und

$$\alpha_1' = \alpha_2$$

$$\alpha_3' = \alpha_2.$$

Werden diese Winkel mit dem Satze v. d. N. d. e. L. bestimmt, so ergeben sich folgende Gleichungen:

$$-\frac{1}{EJ_1}\left[\frac{2}{3}\left(\frac{1}{2}l_1\frac{P_1h_1}{m_1+2}\right) - \left(\frac{1}{m_1+3}l_1\frac{P_1h_1}{m_1+2}\right)\cdot\frac{l_1-\frac{h_1}{m_1+4}}{l_1} + \frac{2}{3}\left(\frac{1}{2}l_1M_1'\right)\right] = \frac{1}{EJ_2}\left[\frac{2}{3}\left(\frac{1}{2}l_2M_2\right)\right] \quad . \quad (153$$

und

$$-\frac{1}{E\,J_3}\left[\frac{2}{3}\left(\frac{1}{2}\,l_3\,M_3{}'\right)\right] = \frac{1}{E\,J_2}\left[\frac{2}{3}\left(\frac{1}{2}\,l_2\,M_2\right)\right].$$

Aus dieser letzten folgt:

$$M_3{}' = -\frac{J_3}{J_2}\cdot\frac{l_2}{l_3}\,M_2 \quad\ldots\quad (154$$

Durch Elimination von $M_3{}'$ zwischen (152) u. (154) entsteht:

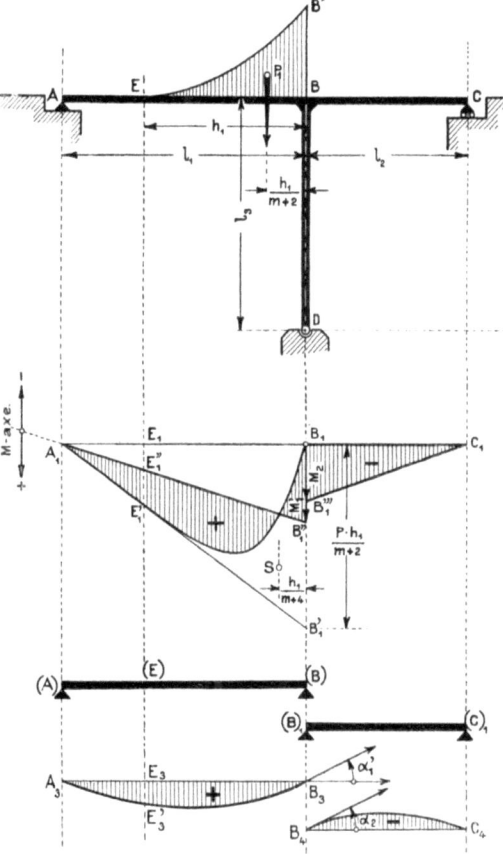

Fig. 35

$$M_2 = \frac{M_1{}'}{1+\dfrac{l_2}{l_3}\cdot\dfrac{J_3}{J_2}} \quad\ldots\quad (155$$

Endlich wird $M_1{}'$ durch Elimination von M_2 zwischen (153) und (155) gefunden:

$$M_1{}' = -\frac{\dfrac{3}{m_1+2}\cdot\dfrac{P_1 h_1}{J_1}\left[\dfrac{l_1}{3}-\dfrac{h_1}{m_1+3}\cdot\dfrac{l_1-\dfrac{h_1}{m_1+4}}{l_1}\right]}{\dfrac{l_1}{J_1}+\dfrac{\dfrac{l_2}{J_2}}{1+\dfrac{l_2}{l_3}\cdot\dfrac{J_3}{J_2}}} \quad (156$$

Aufgabe 21.

Bestimmung der Einflußflächen für den Auflagerdruck D des in Fig. 36 dargestellten Trägers.

Der 2. Satz von R. Land wird angewendet. In A, B und C werden reibungslose Gelenke gedacht und das Auflager D um $D = 1$ gesenkt. Es entsteht die Figur $(A_1 B_1{}' C_1 D_1{}')$. Die Auflagerbedingungen bei B sind verletzt worden. Sie werden wieder erfüllt durch die Momentenflächen über $A_2 C_2$ und über $\overline{D_3 B_3}$.

Aus den Gleichgewichtsbedingungen folgt

$$M_1{}' + M_3{}' = M_2 \quad\ldots\quad (157$$

und aus den Auflagerbedingungen bei B

$$\alpha + \alpha_1{}' = \beta + \alpha_2$$

und

$$\alpha_3{}' = \beta + \alpha_2.$$

Durch Anwendung des Satzes v. d. N. d. e. L. können diese Gleichungen auch folgendermaßen geschrieben werden:

$$\frac{D}{l_1}-\frac{1}{E\,J_1}\left[\frac{2}{3}\left(\frac{1}{2}\,l_1\,M_1{}'\right)\right] = -\frac{D}{l_2}+\frac{1}{E\,J_2}\left[\frac{2}{3}\left(\frac{1}{2}\,l_2\,M_2\right)\right]$$

und

$$-\frac{1}{E\,J_3}\left[\frac{2}{3}\left(\frac{1}{2}\,l_3\,M_3{}'\right)\right] = -\frac{D}{l_2}+\frac{1}{E\,J_2}\left[\frac{2}{3}\left(\frac{1}{2}\,l_2\,M_2\right)\right].$$

Die Gleichung (157) und die beiden letzten geben folgendes System:

$$M_1{}' - M_2 + M_3{}' = 0,$$

$$\frac{l_1}{E\,J_1}\,M_1{}' + \frac{l_2}{E\,J_2}\,M_2 \quad\quad = 3\,D\left(\frac{1}{l_1}+\frac{1}{l_2}\right),$$

$$\frac{l_2}{E\,J_2}\,M_2 + \frac{l_3}{E\,J_3}\,M_3{}' = 3\,\frac{D}{l_2}.$$

Die Auflösung dieses Gleichungssystems ergibt:

$$M_1{}' = 3\,E\,\frac{\left(\dfrac{1}{l_1}+\dfrac{1}{l_2}\right)\dfrac{l_3}{J_3}+\dfrac{1}{l_1}\cdot\dfrac{l_2}{J_2}}{\varDelta}\,D,$$

$$M_2 = 3\,E\,\frac{\left(\dfrac{1}{l_1}+\dfrac{1}{l_2}\right)\dfrac{l_3}{J_3}+\dfrac{1}{l_2}\cdot\dfrac{l_1}{J_1}}{\varDelta}\,D,$$

$$M_3{}' = 3\,E\,\frac{\dfrac{1}{l_2}\cdot\dfrac{l_1}{J_1}-\dfrac{1}{l_1}\cdot\dfrac{l_2}{J_2}}{\varDelta}\,D.$$

In diesen Formeln ist

— 44 —

$$\varDelta = \frac{l_1}{J_1} \cdot \frac{l_2}{J_2} + \frac{l_2}{J_2} \cdot \frac{l_3}{J_3} + \frac{l_3}{J_3} \cdot \frac{l_1}{J_1}.$$

einzusetzen.

Jede der Biegungslinien über $\overline{A_4B_4}$, $\overline{B_5C_5}$ u. $\overline{D_6B_6}$ besteht aus zwei Normalzwickeln des 1. und des 3. Grades. Die Grundlinien dieser Zwickel sind:

$$\overline{B_4B_4'} = \left(\frac{1}{2} l_1 \frac{M_1'}{E J_1}\right) \frac{l_1}{3}$$
$$= \frac{D}{2} \cdot \frac{l_1}{J_1} \cdot \frac{\left(1 + \frac{l_1}{l_2}\right) \frac{l_3}{J_3} + \frac{l_2}{J_2}}{\varDelta} \quad \ldots (158$$

$$\overline{B_5B_5'} = \left(\frac{1}{2} l_2 \frac{M_2}{E J_2}\right) \frac{l_2}{3}$$
$$= \frac{D}{2} \cdot \frac{l_2}{J_2} \cdot \frac{\left(\frac{l_2}{l_1} + 1\right) \frac{l_3}{J_3} + \frac{l_1}{J_1}}{\varDelta} \quad \ldots (159$$

$$\overline{B_6B_6'} = \left(\frac{1}{2} l_3 \frac{M_3'}{E J_3}\right) \frac{l_3}{3}$$
$$= \frac{D}{2} \cdot \frac{l_3}{J_3} \cdot \frac{\frac{l_3}{l_2} \cdot \frac{l_1}{J_1} - \frac{l_3}{l_1} \cdot \frac{l_2}{J_2}}{\varDelta} \quad \ldots (160$$

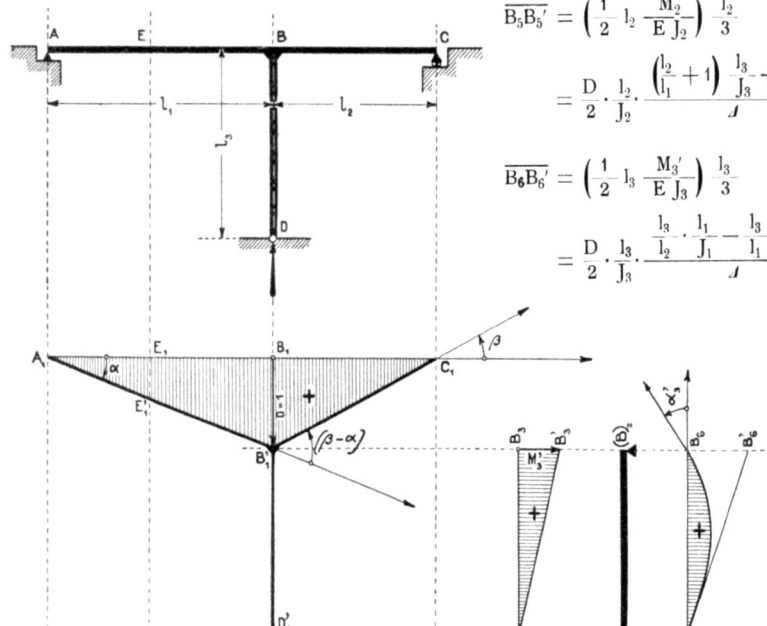

Die Grundlinien genügen zur raschen Bestimmung sämtlicher Ordinaten der Biegungsflächen über $\overline{A_4B_4}$, $\overline{B_5C_5}$ und $\overline{D_6B_6}$, welche mit der Biegefläche $\overline{A_1B_1'C_1}$ zusammengezählt die gesuchten Einflußflächen über $\overline{A_7C_7}$ und $\overline{D_6B_6}$ ergeben.

§ 14. Der gelenklose Balken mit einem festen Endauflager auf beliebig vielen, starr mit ihm verbundenen Säulen mit Fußgelenk.

Aufgabe 22.

Bestimmung der Momentenfläche eines solchen, mit Normalzwickeln belasteten Balkens (Fig. 37).

Die Fig. 37 zeigt, daß jedem Zwischenstützpunkt dieses Balkens 3 unbekannte Momente, wie z. B. M_1', M_2 und M_3' entsprechen. Nun liefert aber anderseits jede dieser Stützen drei Gleichungen, welche alle zusammen ein System bilden zur Bestimmung dieser unbekannten Momente.

Der Stütze 1 entsprechen z. B. folgende drei Gleichungen:

$$M_1' + M_3' = M_2$$
$$\alpha_2 = \alpha_1'$$
$$\alpha_2 = \alpha_3'$$

Fig. 36.

Die erste dieser Gleichungen folgt aus den Gleichgewichtsbedingungen und die beiden letzten aus Kontinuitätsgründen.

Durch Anwendung des Satzes v. d. N. d. e. L werden die Winkel α vor der Auflösung des Gleichungensystems durch ihren Wert in Funktion der maßgebenden Ordinaten der Momentenfläche ausgedrückt, was nach dem Vorhergehenden ohne Mühe zu machen ist. Die Aufstellung allgemeiner Formeln hat keinen praktischen Wert. Es wird sich im Gegenteil empfehlen, sofort mit Zahlen zu rechnen.

Aufgabe 23.

Bestimmung der Einflußfläche für die Biegungsmomente im Schnitte S eines solchen Balkens.

In Fig. 38 sind 3 aufeinanderfolgende Öffnungen dieses Balkens dargestellt. Nach dem

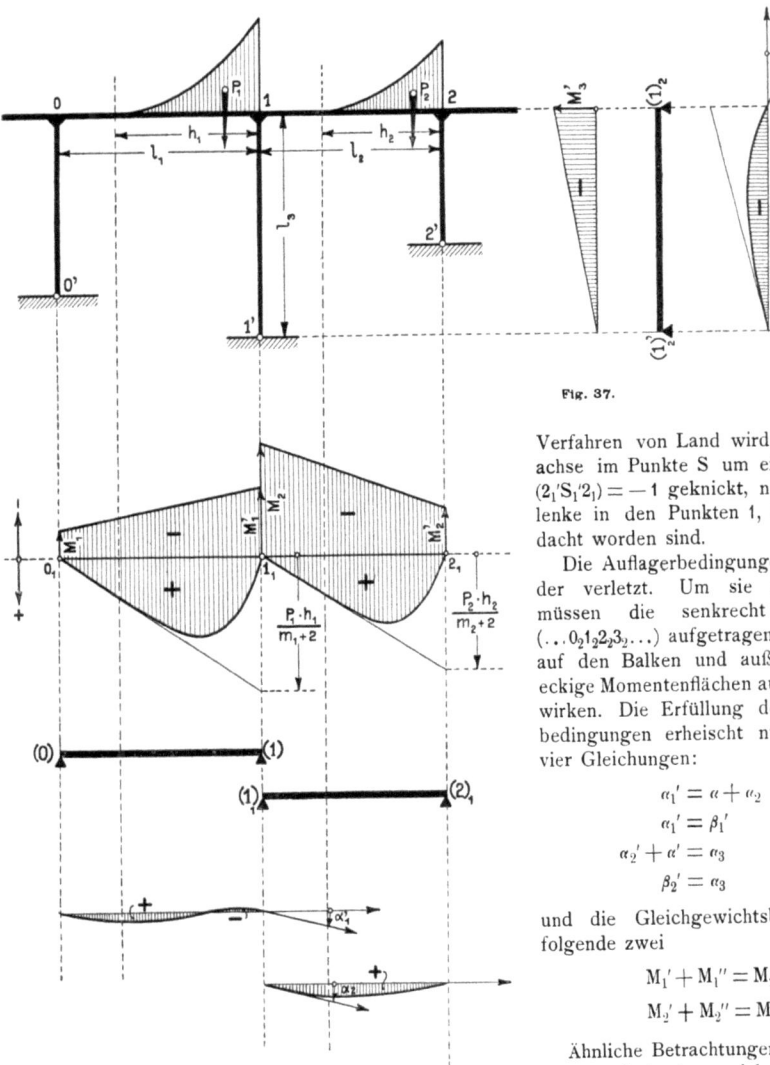

Fig. 37.

Verfahren von Land wird die Balkenachse im Punkte S um einen Winkel $(2_1'S_1'2_1) = -1$ geknickt, nachdem Gelenke in den Punkten 1, S und 2 gedacht worden sind.

Die Auflagerbedingungen sind wieder verletzt. Um sie zu erfüllen, müssen die senkrecht zur Linie $(\ldots 0_2 1_2 2_2 3_2 \ldots)$ aufgetragenen Momente auf den Balken und außerdem dreieckige Momentenflächen auf die Säulen wirken. Die Erfüllung der Auflagerbedingungen erheischt nun folgende vier Gleichungen:

$$\alpha_1' = \alpha + \alpha_2$$
$$\alpha_1' = \beta_1'$$
$$\alpha_2' + \alpha' = \alpha_3$$
$$\beta_2' = \alpha_3$$

und die Gleichgewichtsbedingungen folgende zwei

$$M_1' + M_1'' = M_2$$
$$M_2' + M_2'' = M_3.$$

Ähnliche Betrachtungen ergeben im ganzen dreimal so viel Gleichungen als Zwischenstützen vorhanden sind. Diese Gleichungen bestimmen die maßgebenden Ordinaten der Momentenflächen. Durch Belastung von einfachen Balken wie z. B. $\overline{(0)(1)}$ mit dem $\frac{1}{EJ}$-fachen der betreffenden Momentenfläche werden „zweite Momente" erzeugt, welche in den

Öffnungen links von 1 und rechts von 2 gleichzeitig die Ordinaten der gesuchten Einflußlinien darstellen. In der Öffnung $\overline{1-2}$ müssen die entsprechenden „zweiten Momente" zu den Ordinaten dar. Es wird ein ähnliches Verfahren wie z. B. in Aufgabe 10 und 15 angewendet.

Das Auflager 2' wird um 1 gesenkt, nachdem in den Punkten 1, 2 und 3 Gelenke gedacht worden sind. Dadurch sind die Auflagerbedingungen verletzt. Es müssen also Biegungsmomente im Balken auftreten, welche durch die Fläche über der Linie

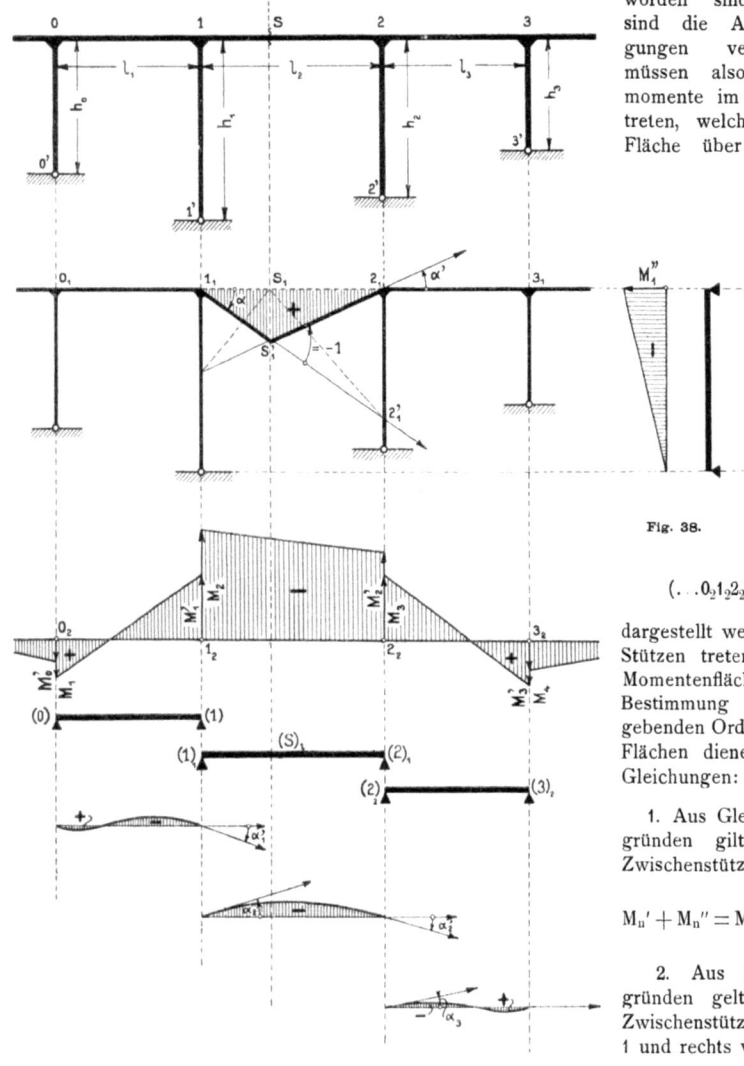

Fig. 38.

$(\ldots 0_2 1_2 2_2 3_2 4_2 \ldots)$

dargestellt werden. In den Stützen treten dreieckige Momentenflächen auf. Zur Bestimmung der maßgebenden Ordinaten dieser Flächen dienen folgende Gleichungen:

1. Aus Gleichgewichtsgründen gilt für jede Zwischenstütze:

$$M_n' + M_n'' = M_{n+1} \ldots (161$$

2. Aus Kontinuitätsgründen gelten für jede Zwischenstütze links von 1 und rechts von 3:

der Biegungslinien $(1_1 S_1' 2_1)$ addiert werden, um die gesuchte Einflußlinie in der Öffnung $\overline{1-2}$ zu erhalten.

Aufgabe 24 (siehe Fig. 39).
Bestimmung der Einflußfläche für eine beliebige Auflagerreaktion eines solchen Balkens.
Fig. 39 stellt je 2 Öffnungen des Balkens links und rechts der in Frage kommenden Stütze $\overline{22'}$

$$\alpha_n' = \beta_n' = \alpha_{n+1} \ldots \ldots (162$$

3. Aus Kontinuitätsgründen gelten für die drei Stützen 1, 2 und 3:

$$\alpha_1' = \beta_1' = \alpha + \alpha_2 \ldots \ldots (163$$

und

$$\alpha + \alpha_2' = \beta_2' = \alpha' + \alpha_3 \ldots \ldots (164$$

$$\alpha' + \alpha_3_l = \beta_3' = \alpha_4 \ldots \ldots (165$$

Der Auflösung dieser Gleichungen folgt die Berechnung der Grundlinien der Normalzwickel, welche die entsprechenden Biegeflächen zusammensetzen. So ergeben sich z. B. folgende Grundlinien für die Öffnung l_2:

$$b_3 = -\left[\frac{1}{2} l_2 \frac{M_2' - M_2}{E J_2}\right] \frac{l_2}{3},$$

oder

$$b_3 = -\frac{l_2^2}{E J_2} \cdot \frac{M_2' - M_2}{6} \quad \ldots \ldots \quad (168$$

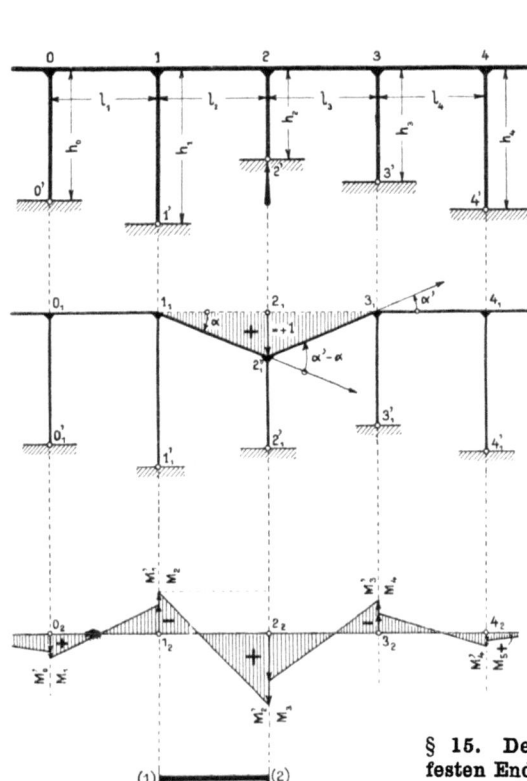

Fig. 39

Sind die Grundlinien für alle Öffnungen des Balkens und für alle Stützen gefunden, so lassen sich die einzelnen Ordinaten der Biegungsflächen mit dem Rechenschieber ohne weiteres bestimmen.

Für alle Balkenöffnungen links von 1 und rechts von 3, sowie für alle Stützen stellen also die Biegungsflächen gleichzeitig die gesuchten Einflußflächen dar. Für die beiden Öffnungen l_2 und l_3 müssen diese Biegungsflächen zu den Flächen $(2_1 1_2 2_1'')$ und $(2_1 3_1 2_1'')$ addiert werden, um die gewünschten Einflußflächen zu erhalten.

§ 15. Der gelenklose Balken, mit einem festen Endauflager, auf beliebig vielen, starr mit ihm verbundenen Säulen ohne Fußgelenk.

Die statische Untersuchung eines solchen Balkens ist der in § 14 dargestellten durchaus ähnlich. Immerhin ist die dreieckige Momentenfläche der Säulen durch ein „überschlagenes" Trapez zu ersetzen. Das Verhältnis der Grundlinien dieser Momentenfläche ergibt sich aus folgender Gleichung, welche die Einspannung des Säulenfußes analytisch ausdrückt (vgl. Fig. 40):

$$\frac{2}{3} \cdot \frac{1}{2} h \frac{M}{E J_h} + \frac{1}{3} \cdot \frac{1}{2} h \frac{M'}{E J_h} = 0,$$

woraus

$$M = -\frac{1}{2} M' \quad \ldots \quad (169$$

In diesem Falle wird der Winkel β'

$$\beta' = -\left[\frac{2}{3} \cdot \frac{1}{2} h \frac{M'}{E J} - \frac{1}{3} \cdot \frac{1}{2} h \frac{\frac{1}{2} M'}{E J}\right]$$

$$\beta' = -\frac{1}{4} h \frac{M'}{E J} \quad \ldots \ldots \quad (170$$

$$b_1 = \left[\frac{2}{3} \cdot \frac{1}{2} l_2 \frac{M_2}{E J_2} + \frac{1}{3} \cdot \frac{1}{2} l_2 \frac{M_2'}{E J_2}\right] l_2$$

oder

$$b_1 = \frac{l_2^2}{E J_2}\left(\frac{M_2}{3} + \frac{M_2'}{6}\right) \quad \ldots \ldots \quad (166$$

und

$$b_2 = -\left[l_2 \frac{M_2}{E J_2}\right] \cdot \frac{l_2}{2},$$

oder

$$b_2 = -\frac{l_2^2}{E J_2} \cdot \frac{M_2}{2} \quad \ldots \ldots \quad (167$$

endlich

§ 16. Der einfache Steifrahmen ohne Gelenke.

Zur statischen Untersuchung eines solchen Rahmens wird das Zwickelverfahren am vorteilhaftesten mit der Theorie der Elastizitätsellipse kombiniert. Wie einfach und übersichtlich eine

oder

$$a = \pm \frac{1}{2} \sqrt{\frac{2 + \frac{1}{3} \cdot \frac{1}{J} \cdot \frac{J_h}{h}}{2 + \frac{1}{J} \cdot \frac{J_h}{h}}} \quad \ldots (172$$

und

$$b = \pm \sqrt{\frac{T_x}{G}} = \pm \sqrt{\frac{2 \frac{1}{3} \cdot \frac{h^3}{E J_h} - G y_0^2}{G}}$$

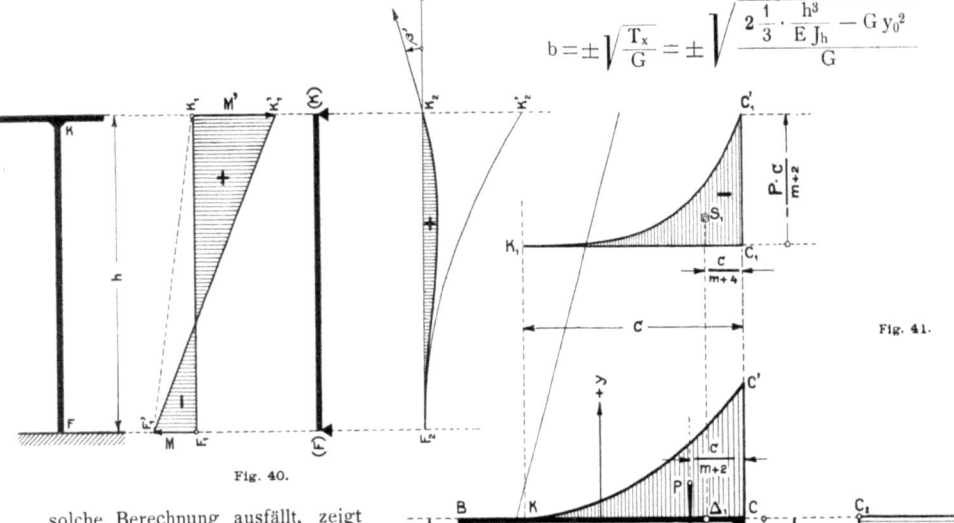

Fig. 40.

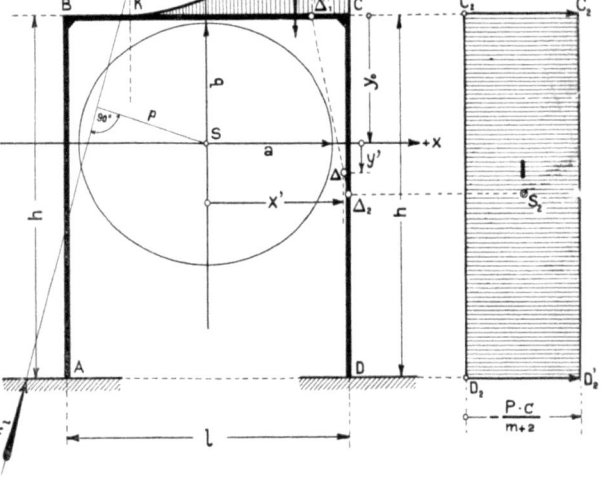

Fig. 41.

solche Berechnung ausfällt, zeigt die folgende

Aufgabe 25.

Bestimmung der Lage und der Größe der linksseitigen Auflagerreaktionen R_l des dreiseitigen Rahmens ohne Fußgelenke $\overline{ABCD}$ Fig. 41, dessen Riegel $\overline{BC}$ mit einem Normalzwickel m ten Grades belastet ist.

1. Die Lage und die Größe der Elastizitätsellipse lassen sich nach dem üblichen Verfahren[13]) leicht bestimmen. Wird z. B. $\overline{BC}$ als Ausgangsachse gewählt, so ergibt sich der Abstand y_0 des Schwerpunktes der elastischen Gewichte des Rahmens zu

$$y_0 = \frac{S_0}{G} = \frac{2 \frac{h}{E J_h} \cdot \frac{h}{2}}{2 \frac{h}{E J_h} + \frac{1}{E J}} = \frac{h}{2 + \frac{1}{J} \cdot \frac{J_h}{h}} \quad (171$$

Die Halbachsen der Elastizitätsellipse des Rahmens betragen:

$$a = \pm \sqrt{\frac{T_y}{G}} = \pm \sqrt{\frac{2 \frac{h}{E J_h} \left(\frac{l}{2}\right)^2 + \frac{1}{12} \cdot \frac{l^3_j}{E J}}{2 \frac{h}{E J_h} + \frac{1}{E J}}}$$

oder

$$b = \pm \frac{h}{\sqrt{3}} \sqrt{\frac{1 + 2 \frac{1}{J} \cdot \frac{J_h}{h}}{2 + \frac{1}{J} \cdot \frac{J_h}{h}}} \quad \ldots (173$$

2. Nach Wegnahme des Auflagers A erzeugt P im Freiträger $\overline{ABCD}$ die durch die beiden Normalzwickel $\{C_1K_1C_1'\}$ und $\{C_2D_2D_2'C_2'\}$ dargestellten Biegungsmomente, welche eine Drehung des Punktes A von der Größe ϑ_1 um das Zentrum Δ_1 und ϑ_2 um das Zentrum Δ_2 bewirken. Diese

---

[13]) Vgl. z. B Dr. W. Ritter, „Der Bogen", Seite 230 § 61 (Verlag von Albert Raustein in Zürich).

Verdrehungswinkel lassen sich, wie folgt, ausdrücken:

$$\vartheta_1 = -\frac{1}{m+3} c \frac{P\frac{c}{m+2}}{EJ} \left.\begin{array}{r}\\\\\end{array}\right\} \quad . . (174$$
$$= -\frac{1}{(m+2)(m+3)} \cdot \frac{P c^2}{EJ}$$

$$\vartheta_2 = -h \frac{P\frac{c}{m+2}}{EJ_h} = -\frac{1}{(m+2)} \cdot \frac{P c h}{EJ_h} \quad . . (175$$

Antipolaren des Punktes A in bezug auf die Elastizitätsellipse des Rahmens. Die Gleichung dieser Antipolaren ist:

$$\frac{x x'}{a^2} + \frac{y y'}{b^2} = -1.^{15)} \quad . . . (178$$

Somit wäre die Lage der linksseitigen Auflagerreaktion bestimmt.

Die Größe dieser Reaktion läßt sich mit Hilfe des Satzes „der Drehungswinkel ist gleich der Kraft mal dem auf die Kraftrichtung bezogenen

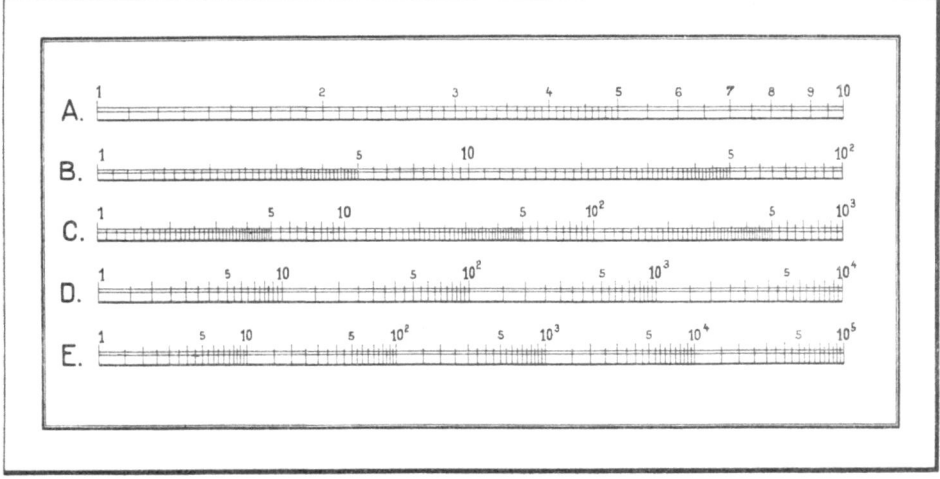

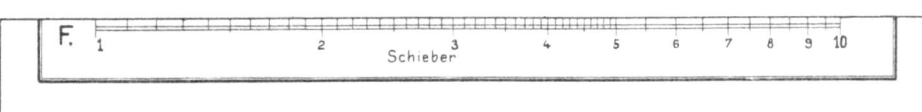

Fig. 42.

Nach der Lehre von der Zusammensetzung der Verdrehungen[14]), dreht sich der Punkt A also in Wirklichkeit um den Winkel $\vartheta = \vartheta_1 + \vartheta_2$ um einen Punkt A, dessen Koordinaten durch folgende Formeln bestimmt werden:

$$x' = \frac{\vartheta_1 \left(\frac{l}{2} - \frac{c}{m+4}\right) + \vartheta_2 \frac{l}{2}}{\vartheta_1 + \vartheta_2} = \frac{l}{2} - \frac{\frac{c}{m+4}\vartheta_1}{(\vartheta_1 + \vartheta_2)} \quad (176$$

$$y' = \frac{\vartheta_1 y_0 + \vartheta_2 \left(y_0 - \frac{h}{2}\right)}{\vartheta_1 + \vartheta_2} = y_0 - \frac{\frac{h}{2}\vartheta_2}{(\vartheta_1 + \vartheta_2)} \quad . (177$$

3. Nach der Theorie der Elastizitätsellipsen liegt nun die linksseitige Auflagerreaktion in der

statischen Momente des Gesamtgewichtes"[16]) bestimmen.

Es ist also

$$\vartheta_R = R_l\, G\, p = R_l G \frac{1}{\sqrt{\left(\frac{x'}{a^2}\right)^2 + \left(\frac{y'}{b^2}\right)^2}} = -(\vartheta_1 + \vartheta_2).$$

Hieraus folgt die Größe von R_l zu:

$$R_l = -\frac{\vartheta_1 + \vartheta_2}{G}\sqrt{\left(\frac{x'}{a^2}\right)^2 + \left(\frac{y'}{b^2}\right)^2} \quad . . (179$$

---

[14]) Vgl. Lueger: „Lexikon der gesamten Technik", 2. Aufl., 1. Band, Seite 84.

[15]) Vgl. z. B. M. Foerster, „Taschenbuch für Bauingenieure", Seite 90 (Verlag von Julius Springer in Berlin).

[16]) Vgl. „Anwendungen der graphischen Statik" von W. Ritter, erster Teil, Seite 157 (Verlag von Albert Raustein in Zürich 1888.)

Schlußwort.

Das Zwickelverfahren erreicht seine höchste Leistungsfähigkeit durch seine Verbindung mit den beiden Theorien der Elastizitätsellipse und der Einflußlinien nach Land.

Im vorliegenden Heftchen, welches ein Beitrag zur, und kein Lehrbuch der Baustatik sein soll, ist versucht worden, das Zwickelverfahren deutlich, jedoch nur in großen Zügen darzustellen.

Einem gut veranlagten Statiker genügen die gemachten Angaben allerdings auch zur Berechnung der allerschwierigsten Steifrahmenaufgaben.

Zahlenbeispiele, die zur Erläuterung des hier Dargebotenen dienen sollen, werden binnen kurzem in verschiedenen Zeitschriften für Beton und Eisenbetonbau vom Verfasser veröffentlicht werden.

Anhang,
§ 17. **Rechenschieber zur Berechnung der Größe der Ordinaten aller praktisch vorkommenden Zwickel.**

(Vgl. Fig. 42.)

1. Beschreibung. 5 logarithmische Skalen A, B, C, D, E von je 50 cm Gesamtlänge sind auf einem Kartonblatt von 16/58 cm Größe und 1 Skala (F) auf einem solchen von 6/58 cm gedruckt.

Die logarithmische Einheit der beiden Skalen A und F hat eine Länge von 50 cm und diejenige der Skalen B, C, D und E eine solche von $\frac{50}{2}$ cm resp. $\frac{50}{3}$ cm, $\frac{50}{4}$ cm und $\frac{50}{5}$ cm.

2. Anwendung. Ein Zwickel vom 3. Grade habe eine Höhe von 6,00 m und eine Grundlinie von 3,5 m. Es sollen die Ordinaten bei $x=1$, $x=2, \ldots, x=5$ m mit Hilfe des Schiebers bestimmt werden. Die Zahl 6 der Skala F wird unter die Zahl 3,5 der Skala C gebracht. Nun stehen die gesuchten Ordinaten auf Skala C gegenüber den Abszissen, welche auf Skala F abzulesen sind:

Ordinaten	0,02	0,13	0,44	1,04	2,03	3,5 m
Abszissen	1	2	3	4	5	6 m.

Der Gebrauch der anderen Skalen ist ähnlich.

MIX
Papier aus verantwortungsvollen Quellen
Paper from responsible sources
FSC® C105338

If you have any concerns about our products,
you can contact us on
ProductSafety@springernature.com

In case Publisher is established outside the EU,
the EU authorized representative is:
**Springer Nature Customer Service Center GmbH
Europaplatz 3, 69115 Heidelberg, Germany**

Printed by Libri Plureos GmbH
in Hamburg, Germany